成功

Eureka Math®
5 年级
模块 5 和 6

Great Minds PBC is the creator of Eureka Math®,
Wit & Wisdom®, Alexandria Plan™, and PhD Science™.

Published by Great Minds PBC. greatminds.org

Copyright © 2020 Great Minds PBC. All rights reserved. No part of this work may be reproduced or used in any form or by any means—graphic, electronic, or mechanical, including photocopying or information storage and retrieval systems—without written permission from the copyright holder.

ISBN 978-1-64929-287-2

1 2 3 4 5 6 7 8 9 10 CCD 25 24 23 22 21 20

Printed in the USA

学习·练习·成功

Eureka Math® 的学生教材 A Story of Units®（幼儿园到 5 年级）可以在学习、练习、成功三合一课程中取得。本系列支持差异学习和辅导，同时保持学生教材条理清晰且易于使用。教育人员会发现学习、练习 和成功系列还具备连贯性的因此更有效的干预-响应（Response to Intervention / RTI）资源，并提供额外练习和暑假学习资源。

学习

Eureka Math 学习可作为学生的课堂伙伴，帮助其展示自己的想法、分享他们知道的内容、看着他们每天累积知识。学习通过容易存放和浏览的书册集合了每日的课堂作业—应用题、课堂反馈条、习题集和模版。

练习

每堂 Eureka Math 课程从一系列充满活力、欢乐的熟练度活动开始进行，包括 Eureka Math 练习的内容。精通数学的学生可以更深入地掌握更多教材。通过练习，学生将掌握新习得的技能，并加强以前的学习，为下一堂课做准备。

学习和练习一起提供学生用于核心数学教学所需的所有印刷教材。

成功

Eureka Math 成功让学生可以独立学习并精通内容。每一课的额外习题集都与课堂的教学一致，因此非常适合当作家庭作业或额外练习。每个习题集都伴随一个家庭作业助手，它是一组说明如何解决类似习题的练习例题。

老师和导师可以使用前一年级的成功课本作为课程一致性的工具，以填补基础知识的落差。随着熟悉的模型加强与当前年级内容的联系，学生将蓬勃发展，并更快地进步。

学生，家庭和教育工作者：

谢谢您加入 *Eureka Math*® 社区，我们在此赞扬数学带来的乐趣、美好和震撼。

没有什么比得过成功的满意——学生的能力变得越强，他们的动力和参与度就越大。*Eureka Math* 成功课本为学生提供所需的指导和额外的练习，帮助他们巩固基础知识并掌握新教材。

成功课本的内容是什么？

Eureka Math 成功课本提供与 *A Story of Units*®（单位的故事）并进的支持练习集。每个成功课程都从一个叫做家庭作业助手的例题集开始进行，说明建立课程理解所用的建构与推理能力。接下来，学生将通过一系列精心排序的习题进行支架性练习，从建立信心开始逐步进展到复杂的问题。

应该如何使用成功课本？

成功课本的精选集可作为差异化的教学、练习、作业或干预性学习。将 *Affirm*® 与 *Eureka Math* 的数字评估系统搭配使用，成功课程可以让教育人员进行有目标性的练习并评估学生的进步。成功课程可完美搭配单位的故事里使用的数学模型和语言，确保学生感受到与日常教学的连结性与相关性，不论他们是在学习基础技能还是在当前的主题上进行额外的练习。

在哪里可以了解更多 Eureka Math 的资源？

Great Minds® 团队致力于通过不断扩充的资源库为学生、家庭和教育人员提供支持，请访问：eureka-math.org。此网站还提供了一些 *Eureka Math* 社区令人振奋的成功案例。通过成为 *Eureka Math* 的优胜者，与其他用户分享您的见解和成就。

祝福您一整年都充满着美好的 Eureka 时刻！

Jill Diniz

吉尔·迪尼兹（Jill Diniz）
数学总监
Great Minds

目录

模块 5：体积和面积的加法和乘法

主题 A：体积的概念

第1课 3

第2课 7

第3课 11

主题 B：体积及乘法和加法的运算

第4课 15

第5课 19

第6课 23

第7课 27

第8课 31

第9课 35

主题 C：具分数边长的矩形图形的面积

第10课 39

第11课 43

第12课 49

第13课 53

第14课 57

第15课 61

主题 D：绘画、分析和分类二维形状

第16课 65

第17课 69

第18课 73

第19课 77

第20课 81

第21课 85

模块 6：使用坐标平面解决问题

主题 A：坐标系统

第1课 91

第2课 95

第3课 99

第4课 107

第5课 111

第6课 117

主题 B：坐标平面的规律，及使用规则来绘制数字规律图表

第7课 123

第8课 129

第9课 133

第10课 137

第11课 143

第12课 147

主题 C：在坐标平面中绘画图形

第13课 151

第14课 155

第15课 159

第16课 163

第17课 167

主题 D：坐标平面中的问题解答

第18课 171

第19课 175

第20课 179

主题 E：多步骤文字题

第21课 183

第22课 187

第23课 191

第24课 195

第25课 199

主题 F：多年回顾：回想单位的故事

第26课 203

第27课 207

第28课 211

第29课 213

第30课 217

第31课 219

第32课 223

第33课 227

5 年级

模块 2

单位的故事　　　　　　　　　　　　　　　　　　　　　　　　　　　　第1课家庭作业助手　5•5

1. 以下固体由 1 厘米 立方块构成。求出每一个图形的总体积,然后把答案写在下表中。

   a.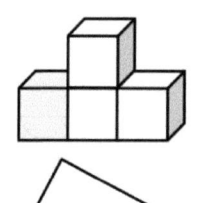

   我看到底部有3个立方体,顶部有1个立方体。因此,该固体总共有4个立方体。

   b.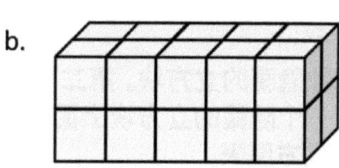

   我看到有2层立方体,就像一块蛋糕(顶部和底部)。顶部有10个多维数据集,而底部必须有10个多维数据集。因此,此固体总共有20个立方体。

   由于图(a)总共由4个立方体组成,因此我可以说它的体积为4立方厘米。

数字	卷	说明
a	4厘米³	我添加了3个多维数据集和1个多维数据集。3 + 1 = 4
b	20厘米³	我计算了顶层,然后乘以2。

2. 根据给定体积,在点纸上画一个图形。

   a. 2 立方单位

   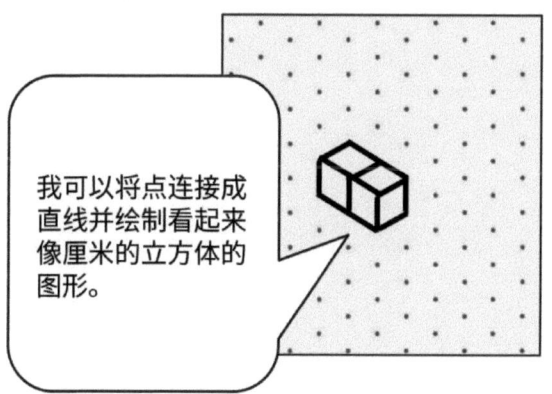

   我可以将点连接成直线并绘制看起来像厘米的立方体的图形。

   b. 4 立方单位

   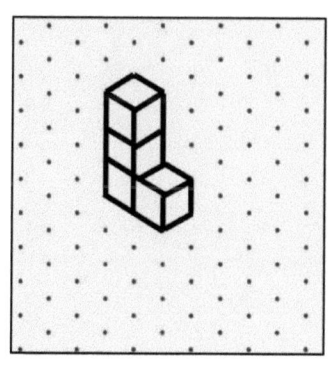

   第1课：　通过单位立方块建造和计数来探索体积

3. 雅丽逊说以下由 1 厘米 立方块构成的图形的体积是 4 立方厘米。
   a. 解释她的错误。

   雅丽逊没有数隐藏的立方块。第二层的立方块需要放置在一个隐藏的立方块上面。这个图形的体积是 5 立方厘米。

   我看到显示了4个多维数据集，但是在顶部的1个多维数据集下面隐藏了一个。

   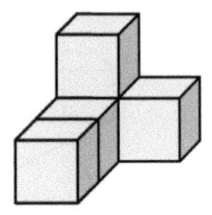

   b. 想象一下如果雅丽逊在第二层添加立方块，让立方块完全覆盖以上图形的第一层。这个新结构的体积是多少？解释你怎么知道的。

   体积是 8 厘米³。我数了第一层，然后乘以 2。

   $4 \text{ cm}^3 \times 2 = 8 \text{ cm}^3$

   由于Allison希望构建与第一层相同的第二层，因此我可以将4个多维数据集乘以2。

姓名 _____ 日期 _____

1. 以下固体由 1 厘米 立方块构成。求出每一个图形的总体积,然后把答案写在下表中。

A.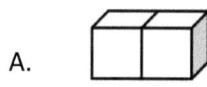

D.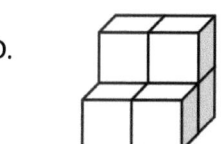

B.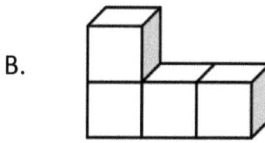

E.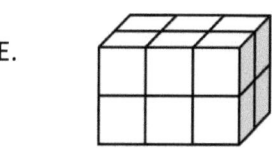

C.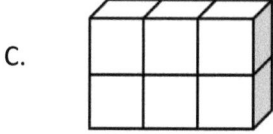

F.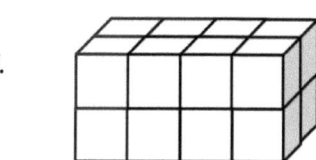

图形	体积	说明
A		
B		
C		
D		
E		
F		

2. 根据给定体积，在点纸上画一个图形。

   a. 3 立方单位

   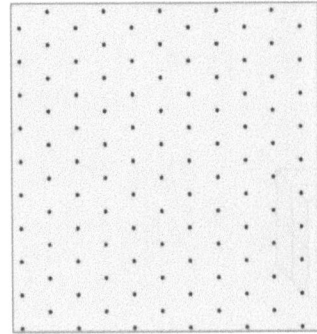

   b. 6 立方单位

   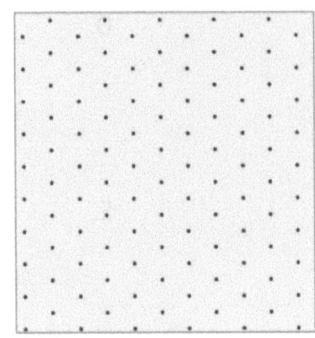

   c. 12 立方单位

   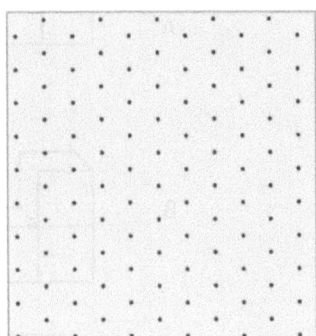

3. 约翰建造和绘画了一个结构，体积是 5 立方厘米。他的弟弟说他错了，因为他只画了 4 个立方块。帮助约翰向他的弟弟解释他的图画为什么是正确的。

   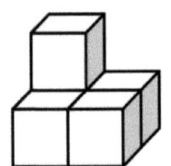

4. 在下面画另一个图形来代表一个体积为 5 立方厘米的结构。

   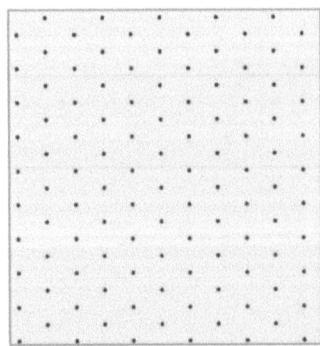

单位的故事　　　　　　　　　　　　　　　　　　　　　　　　第2课家庭作业助手　5•5

1. 在厘米网格纸上涂黑以下图形。剪出和折叠每一个图形来制作 3 个打开的盒子,并用胶带粘贴以便固定形状。在每一个盒子内堆叠立方块。写下填满盒子的立方块数量。

   a.
   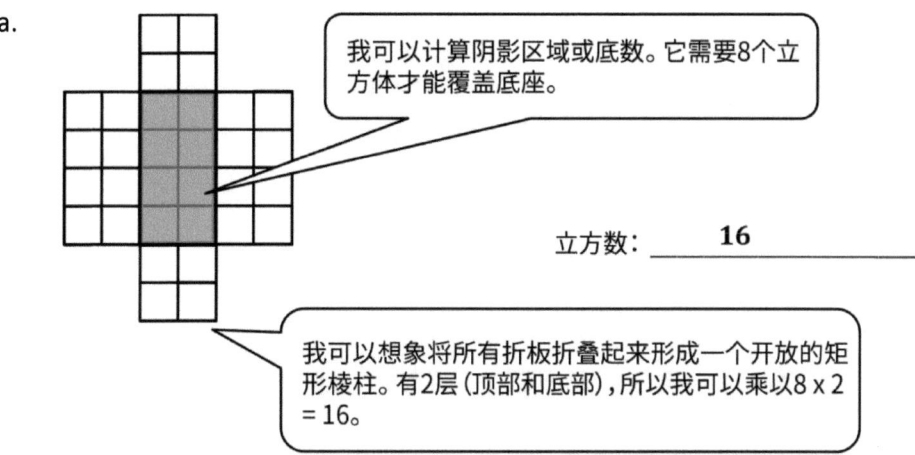

   我可以计算阴影区域或底数。它需要8个立方体才能覆盖底座。

   立方数：__16__

   我可以想象将所有折板折叠起来形成一个开放的矩形棱柱。有2层(顶部和底部),所以我可以乘以8 x 2 = 16。

   b.
   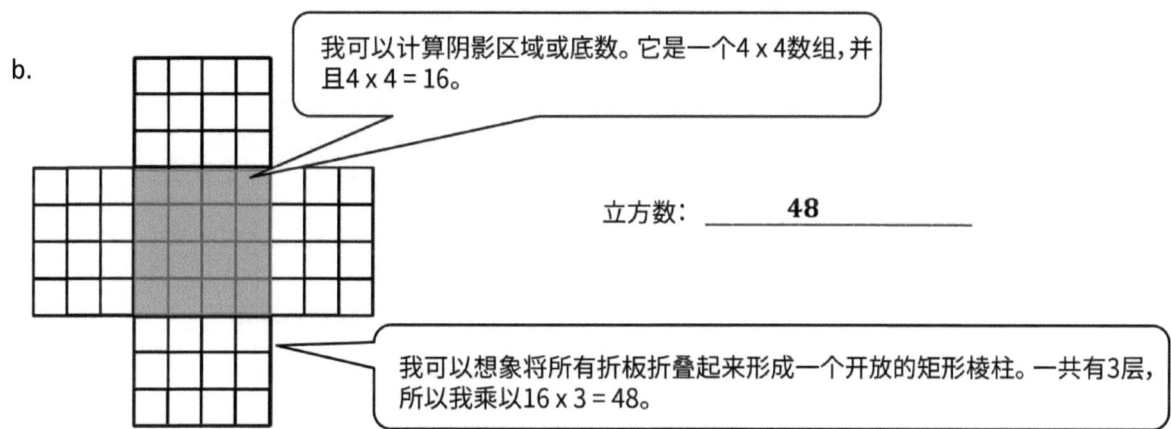

   我可以计算阴影区域或底数。它是一个4 x 4数组,并且4 x 4 = 16。

   立方数：__48__

   我可以想象将所有折板折叠起来形成一个开放的矩形棱柱。一共有3层,所以我乘以16 x 3 = 48。

第2课：　通过堆叠立方单位和计数来求出一个直角矩形棱柱的体积。

2. 每一个盒子可以容纳多少个厘米立方块？在盒子上使用文字和图画来解释你的答案。（图形未按比例绘制。）

   a.

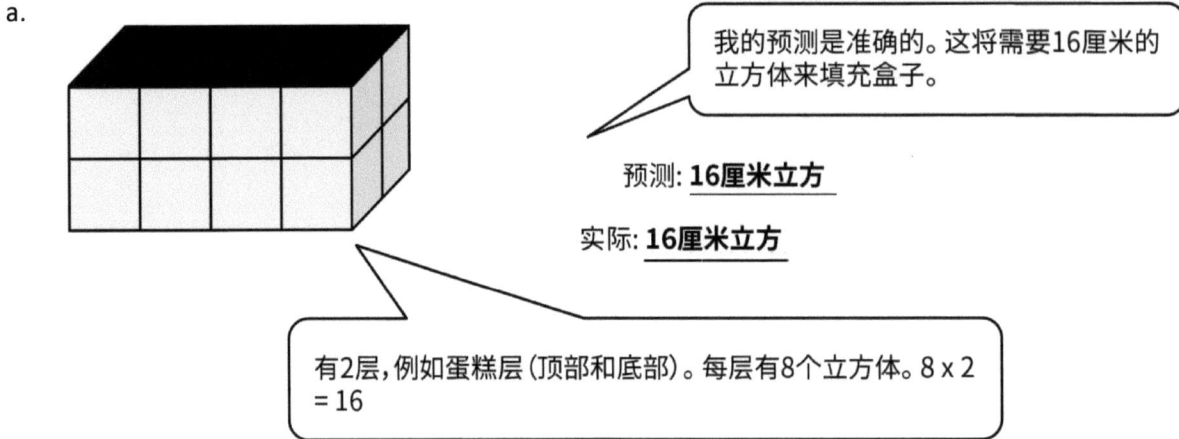

   有 2 层：上层和下层。每一层有 8 个立方块，而 8 个立方块 × 2 = 16 个立方块。

   b.

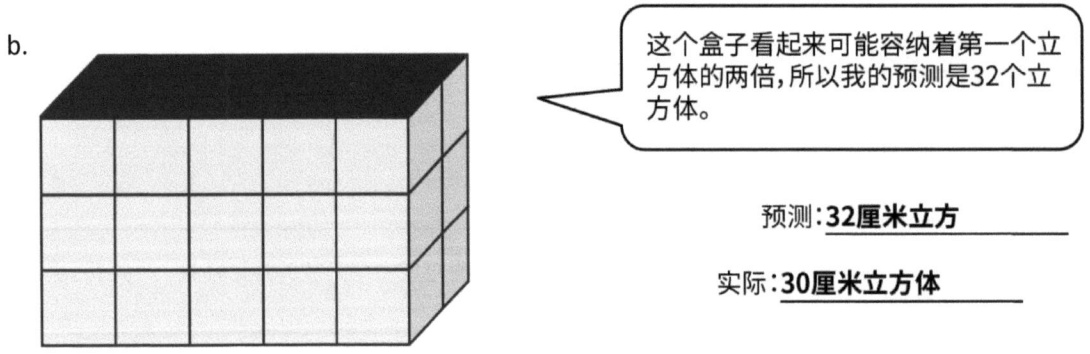

   有 3 层：上层、中层和下层。

   每一层有 10 个立方块，而 10 个立方块 × 3 = 30 个立方块。

姓名 _____ 日期 _____

1. 在厘米网格纸上制作以下盒子。剪出和折叠每一个图形来制作 3 个打开的盒子，并用胶带粘贴以便固定形状。填满每一个盒子需要多少个立方块？解释你如何找到答案。

   a. 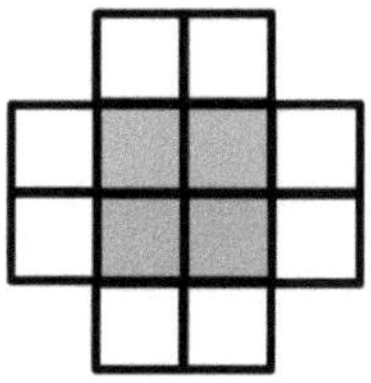   立方块数量：_____

   b. 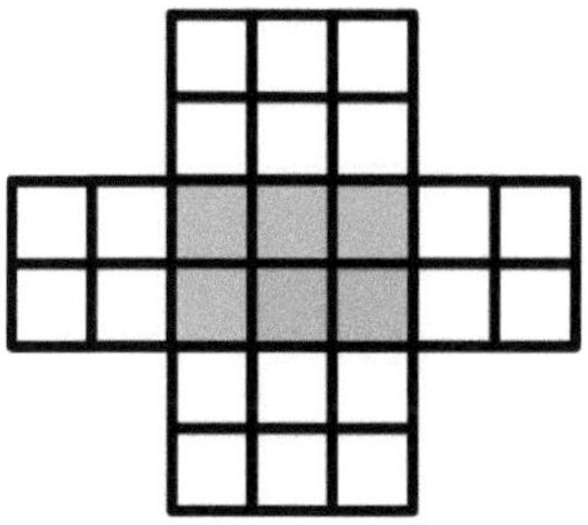   立方块数量：_____

   c. 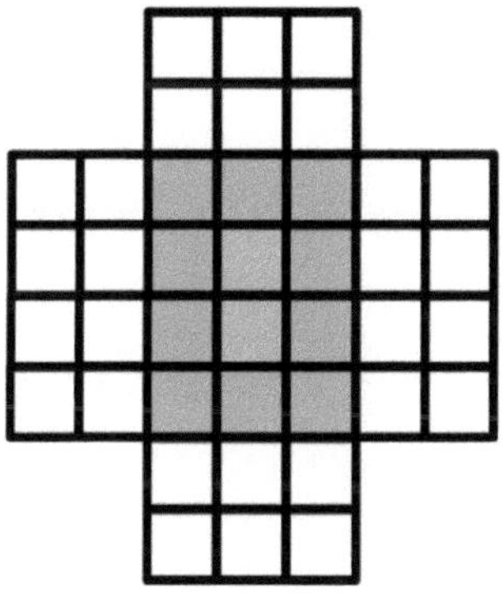   立方块数量：_____

2. 每一个盒子可以容纳多少个厘米立方块？在每个盒子上使用文字和图画来解释你的答案。（图形未按比例绘制。）

   a.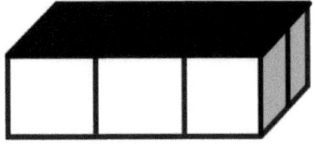

   立方块数量：_____

   说明：

   b.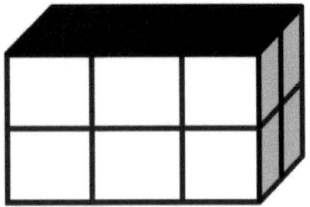

   立方块数量：_____

   说明：

   c.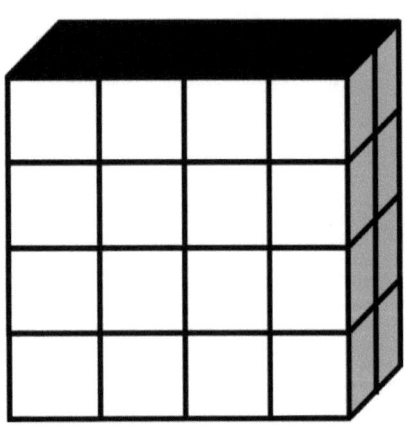

   立方块数量：_____

   说明：

3. 以下盒子的模式可以容纳 24 个 1 厘米立方块。画两个不同的盒子模式来容纳相同数量的立方块。

   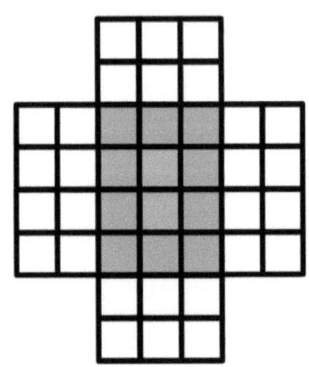

1. 用各个棱柱来求出体积。
   - 建造左边图画的矩形棱柱，可按需要使用你的立方块。
   - 用三种不同方法把它分解为三层，并在空白的棱柱上展示你的想法。
   - 完成表中缺少的信息。

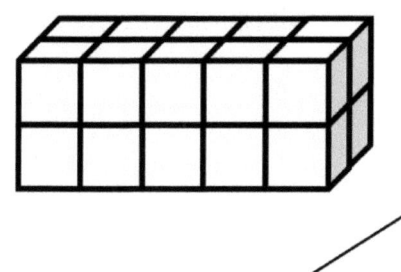

层数	每层中的立方体数	棱镜体积
2	10	20 立方厘米
5	4	20 立方厘米
2	10	20 立方厘米

我可以看一下上面的矩形棱柱或下面切割的矩形棱柱，以帮助我在表格中记录信息。

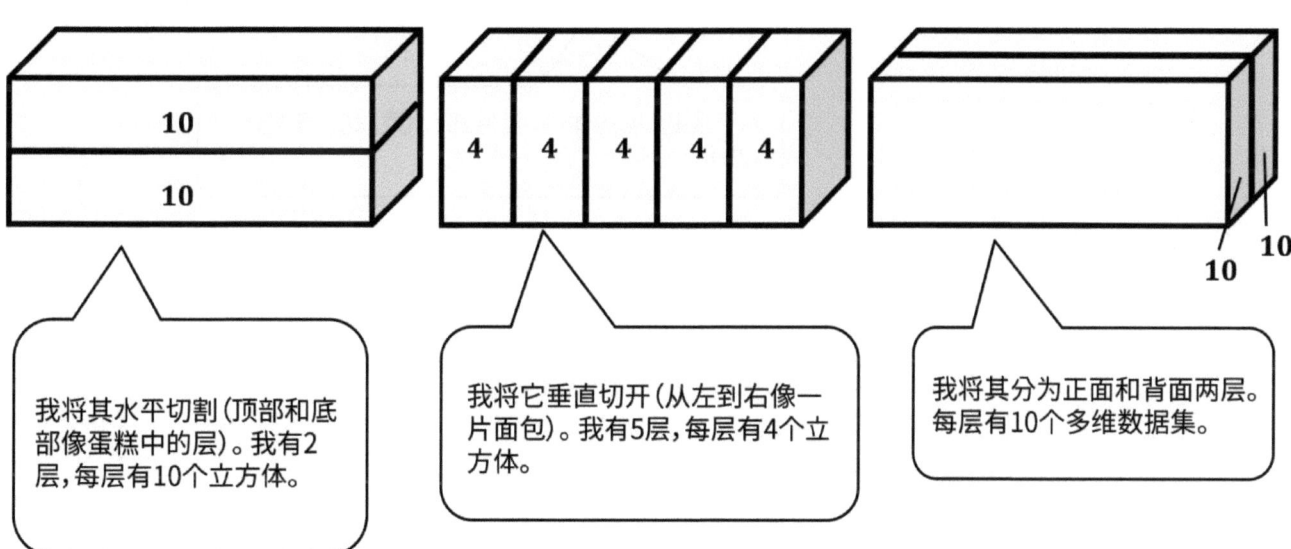

我将其水平切割（顶部和底部像蛋糕中的层）。我有2层，每层有10个立方体。

我将它垂直切开（从左到右像一片面包）。我有5层，每层有4个立方体。

我将其分为正面和背面两层。每层有10个多维数据集。

第3课： 用立方块层来构建和分解直角矩形棱柱。

> 我可以看到一个5英寸 x 5英寸 x 1英寸的棱镜。从顶部看棱镜时，由于长度和宽度相等，因此看起来像正方形。棱镜也只有一英寸高，因此看起来像蛋糕的底层。

2. 约瑟夫制作一个5英寸乘5英寸乘1英寸的矩形棱镜。然后，他决定创建与第一个图层相同的图层。填写下表，并说明您如何知道每个新棱镜的体积。

> 为了找到3层的体积，我将25 in³乘以3。答案是75 in³。

层数	卷	说明
3	75 英寸³	1层：25 英寸³ 3层：3 × 25 英寸³ = 75 英寸³
5	125英寸³	1层：25 英寸³ 5层：5 × 25 英寸³ = 125 英寸³

> 为了找到5层的体积，我将25 in³乘以5。答案是125 in³。

第3课： 用立方块层来构建和分解直角矩形棱柱。

单位的故事 第3课家庭作业 5•5

姓名 _____ 日期 _____

1. 用各个棱柱来求出体积。

   - 图画中的各个矩形棱柱是用1厘米立方块来构建
   - 用三种不同方法把它分解为三层,并在空白的棱柱上展示你的想法。
   - 完成每一个表。

   a.

层数	每一层的立方块数量	棱柱的体积
		立方厘米
		立方厘米
		立方厘米

   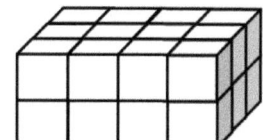

   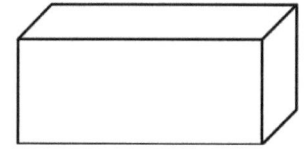 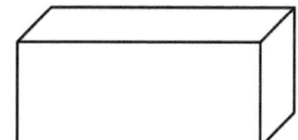 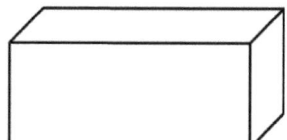

   b.

层数	每一层的立方块数量	棱柱的体积
		立方厘米
		立方厘米
		立方厘米

   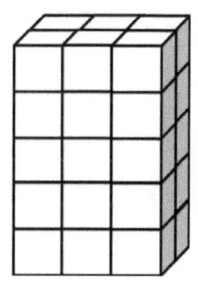

   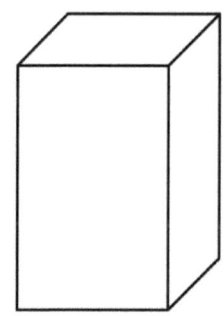 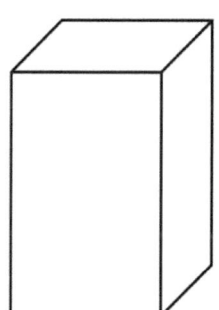 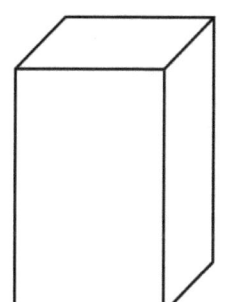

第3课: 用立方块层来构建和分解直角矩形棱柱。

2. 史蒂芬和卓尔丝希望让这个棱柱的体积增加 72 立方厘米。卓尔丝希望加八层,而史蒂芬说他们只要加四层。他们的老师说他们两人都对。解释这是怎么可能的。

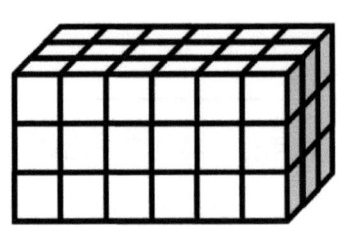

3. 朱莉安娜制作了一个 4 英寸长和 4 英寸宽但只有 1 英寸高的棱柱。然后她决定要创建等于第一个的一些层。填写下表,并解释你如何知道每一个新棱柱的体积。

层数	体积	说明
3		
5		
7		

4. 想象以下矩形棱柱是 4 米长、3 米高和 2 米宽。画一些水平线来显示该棱柱可以如何被分解为 1 米高的层。

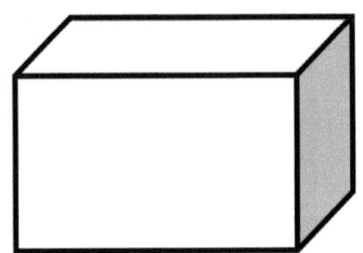

它从上到下有 _____ 层。

每一个水平层包括 _____ 个立方米。

这个棱柱的体积是 _____

1. 每一个矩形棱柱都是用厘米立方块建造的。写出尺寸,然后计算体积。

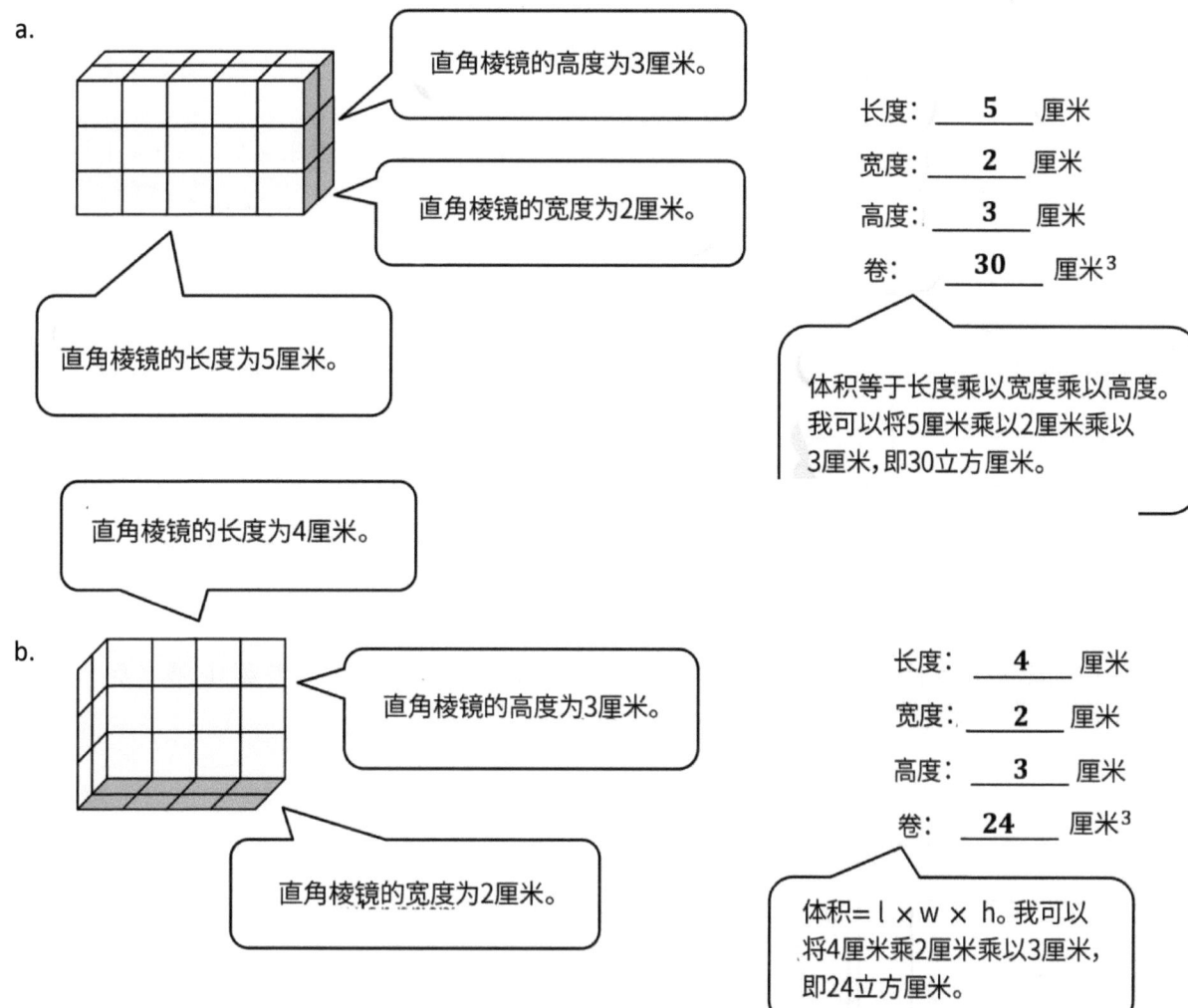

a.
直角棱镜的高度为3厘米。
直角棱镜的宽度为2厘米。
直角棱镜的长度为5厘米。

长度：__5__ 厘米
宽度：__2__ 厘米
高度：__3__ 厘米
卷：__30__ 厘米³

体积等于长度乘以宽度乘以高度。我可以将5厘米乘以2厘米乘以3厘米,即30立方厘米。

b.
直角棱镜的长度为4厘米。
直角棱镜的高度为3厘米。
直角棱镜的宽度为2厘米。

长度：__4__ 厘米
宽度：__2__ 厘米
高度：__3__ 厘米
卷：__24__ 厘米³

体积 = l × w × h。我可以将4厘米乘2厘米乘以3厘米,即24立方厘米。

2. 写一个可以用来计算第1题中每一个矩形棱柱的体积的乘法算式。在你的算式中包括单位。

a. $5\text{ cm} \times 2\text{ cm} \times 3\text{ cm} = 30\text{ cm}^3$

b. $4\text{ cm} \times 2\text{ cm} \times 3\text{ cm} = 24\text{ cm}^3$

3. 计算每一个矩形棱柱的体积。在你的数字算式中包括单位。

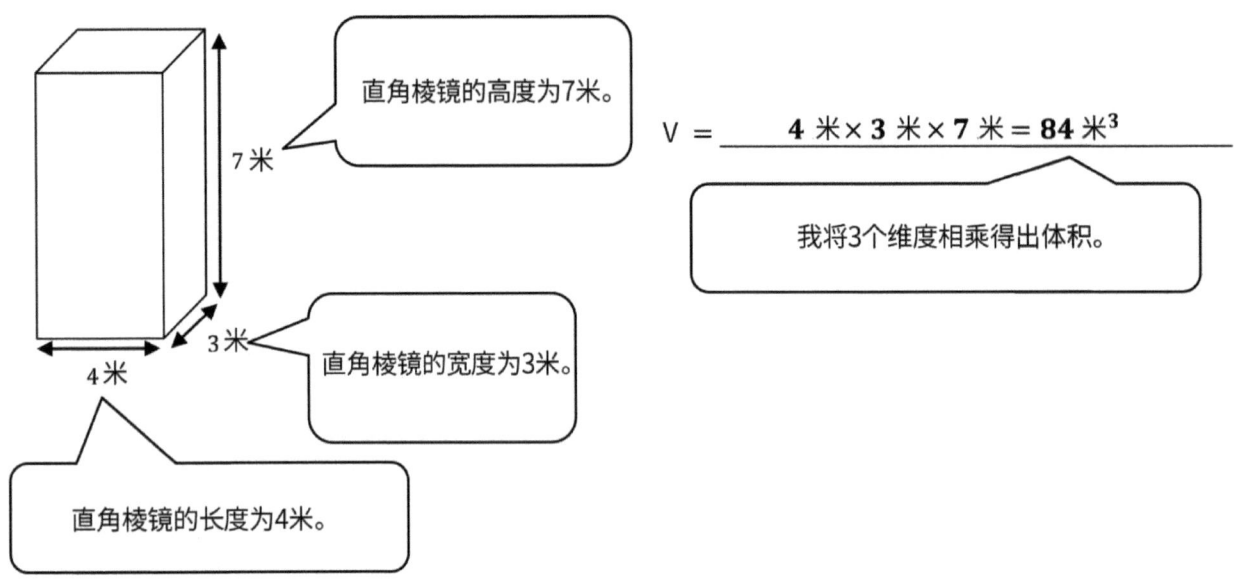

V = __4 米 × 3 米 × 7 米 = 84 米³__

我将3个维度相乘得出体积。

直角棱镜的高度为7米。

直角棱镜的宽度为3米。

直角棱镜的长度为4米。

4. 美琳正在构建一个矩形棱柱形盒子用来存储她的小玩具。它长 10 英寸，宽 5 英寸，高 7 英寸。盒子的体积是多少？

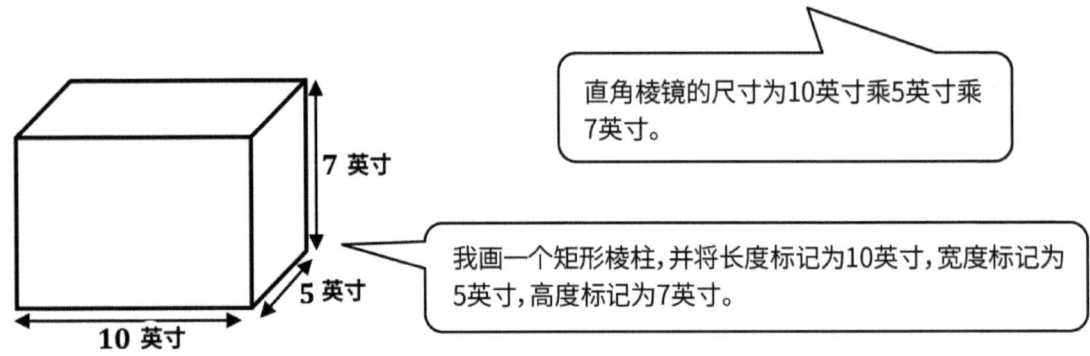

直角棱镜的尺寸为10英寸乘5英寸乘7英寸。

我画一个矩形棱柱，并将长度标记为10英寸，宽度标记为5英寸，高度标记为7英寸。

体积 = 长 × 宽 × 高

$V = 10\text{ 英寸} \times 5\text{ 英寸} \times 7\text{ 英寸} = 350\text{ 英寸}^3$

盒子的体积是 350 立方英寸。

单位的故事

姓名 _____ 日期 _____

1. 每一个矩形棱柱都是用厘米立方块建造的。写出尺寸，然后计算体积。

   a. 长度：_____ 厘米
      宽度：_____ 厘米
      高度：_____ 厘米
      体积：_____ 厘米³

   b. 长度：_____ 厘米
      宽度：_____ 厘米
      高度：_____ 厘米
      体积：_____ 厘米³

   c. 长度：_____ 厘米
      宽度：_____ 厘米
      高度：_____ 厘米
      体积：_____ 厘米³

   d. 长度：_____ 厘米
      宽度：_____ 厘米
      高度：_____ 厘米
      体积：_____ 厘米³

2. 写一个可以用来计算第1题中每一个矩形棱柱的体积的乘法算式。在你的算式中包括单位。

   a. _____   b. _____

   c. _____   d. _____

第4课： 使用乘法来计算体积。

3. 计算每一个矩形棱柱的体积。在你的数字算式中包括单位。

   a.
   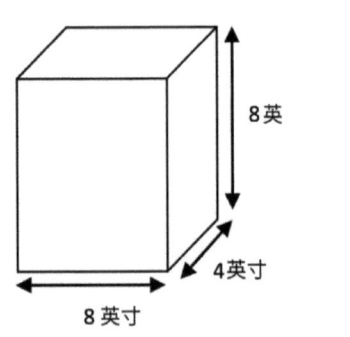

   体积：_____

   b.
   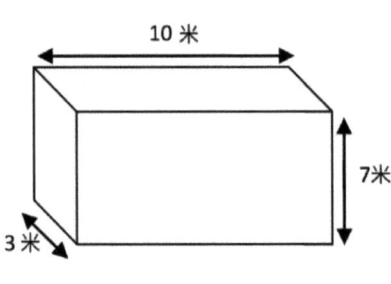

   体积：_____

4. 约翰逊先生正在构建一个矩形棱柱形盒子用来存储他的夏季衣服。它长 28 英寸，宽 24 英寸，高 30 英寸。盒子的体积是多少？

5. 使用提供的信息来计算每一个矩形棱柱的体积。

   a. 表面面积：56 平方米

      高：4 米

   b. 表面面积：169 平方米

      高：14 英寸

1. 克文用 40 个厘米立方块来装满一个容器。涂黑烧杯来显示该容器可以容纳多少水。解释你怎么知道的。

   它可以容纳 40 毫升水。我知道 1 厘米³ = 1 毫升。
   因此，40 厘米³ 等于 40 毫升。

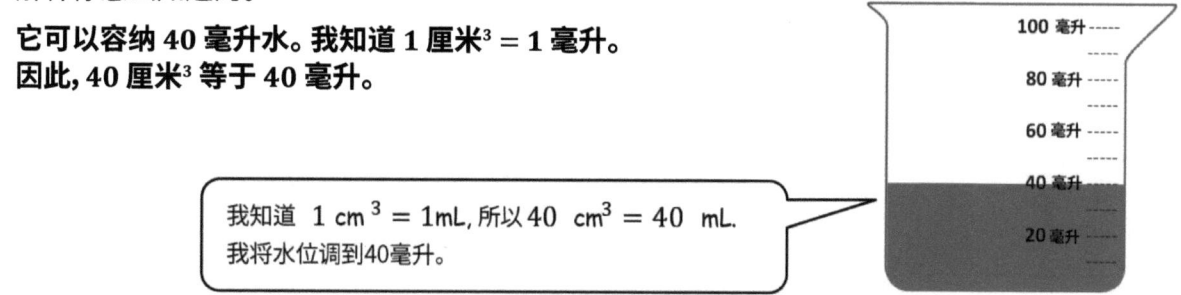

我知道 1 cm³ = 1mL, 所以 40 cm³ = 40 mL.
我将水位调到40毫升。

2. 某个烧杯里面有 200 毫升水。乔要把水倒进一个足以容纳这些水的容器。他可以用以下哪些容器？解释你的选择。

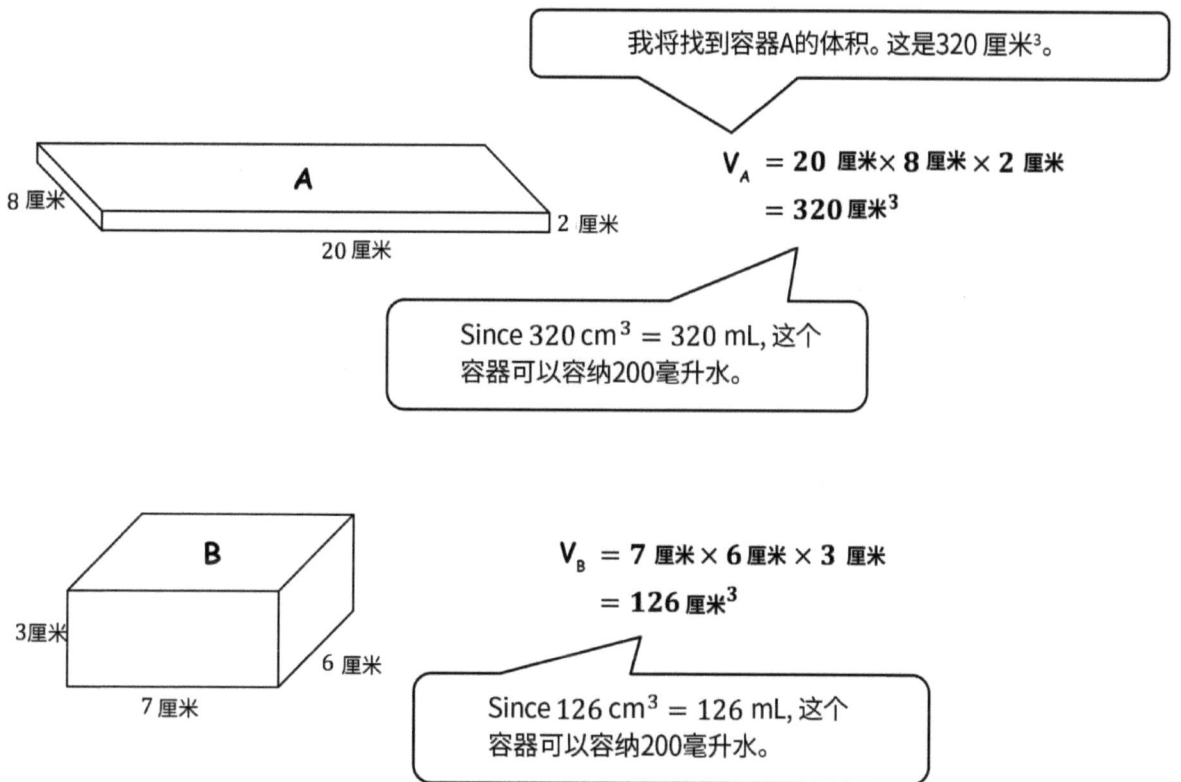

我将找到容器A的体积。这是320 厘米³。

V_A = 20 厘米 × 8 厘米 × 2 厘米
   = 320 厘米³

Since 320 cm³ = 320 mL, 这个容器可以容纳200毫升水。

V_B = 7 厘米 × 6 厘米 × 3 厘米
   = 126 厘米³

Since 126 cm³ = 126 mL, 这个容器可以容纳200毫升水。

第5课: 用乘法来连接装入体积和灌注体积。

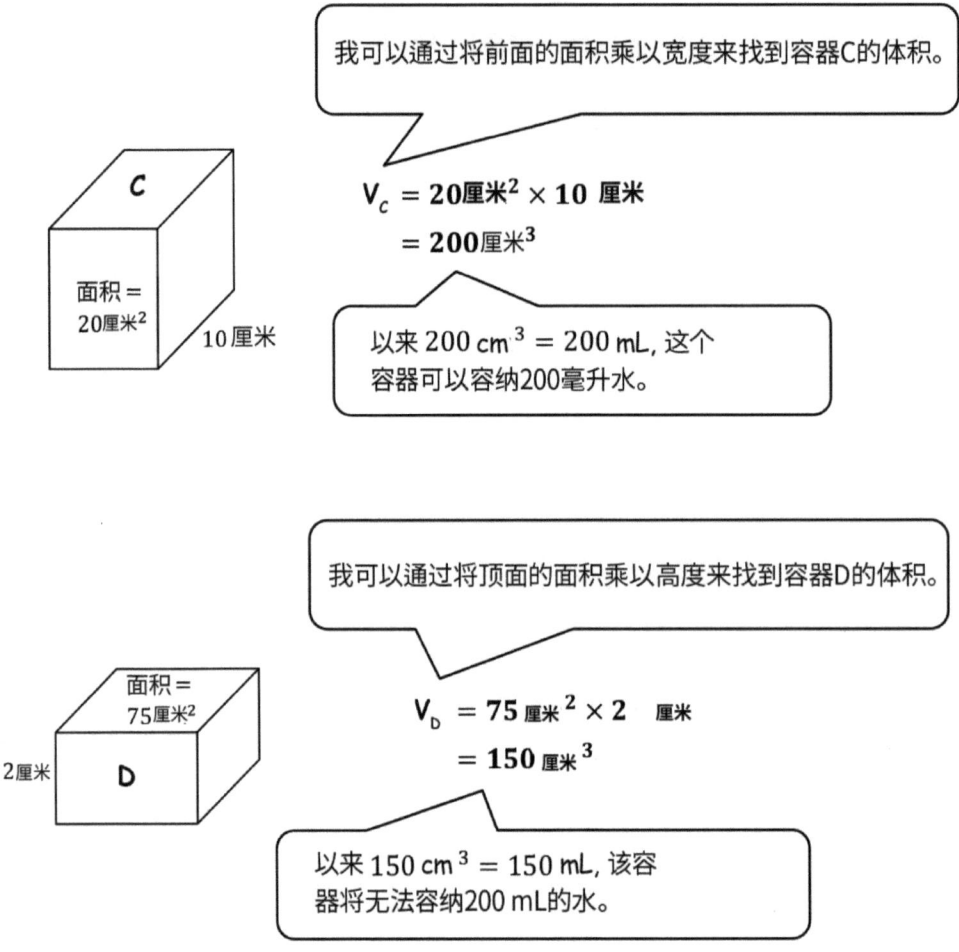

乔可以用容器 A, 因为它的容量是 320 厘米³。他也可以用容器 C, 因为它的容量是 200 厘米³。他不可以用容器 B 和 D, 因为它们太小了。

单位的故事 第5课家庭作业 5•5

姓名 _____ 日期 _____

1. 约翰尼用 30 个厘米立方块来装满一个容器。涂黑烧杯来显示该容器可以容纳多少水。解释你怎么知道的。

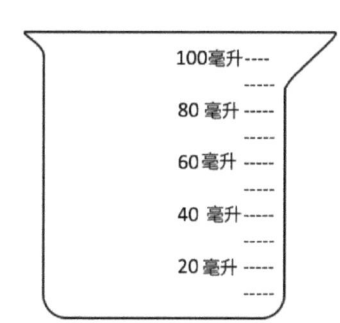

2. 某个烧杯里面有 250 毫升水。杰克要把水倒进一个足以容纳这些水的容器。他可以用以下哪些容器？解释你的选择。

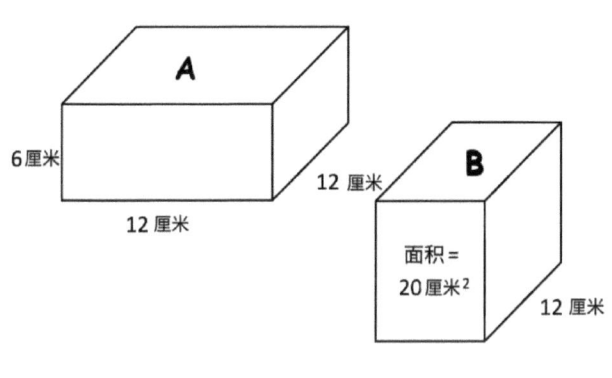

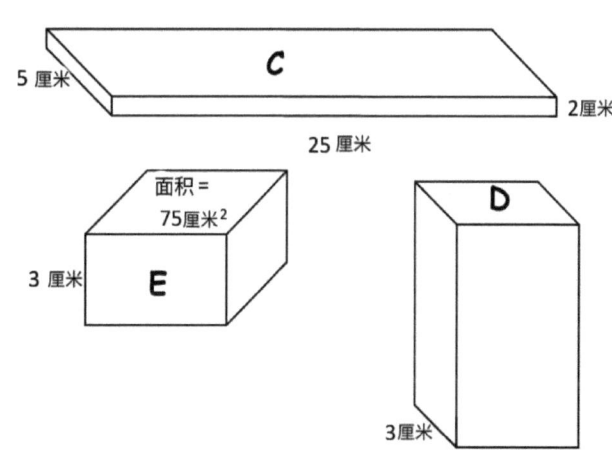

3. 在本页的背面，描述你今天在课堂里进行的活动详情。包括你学习到关于立方厘米和毫升的事情。给一个题目例子说明你怎样使用一个示例来解题。

1. 求出各图形的的总体积,并记录你的解题策略。
   a.

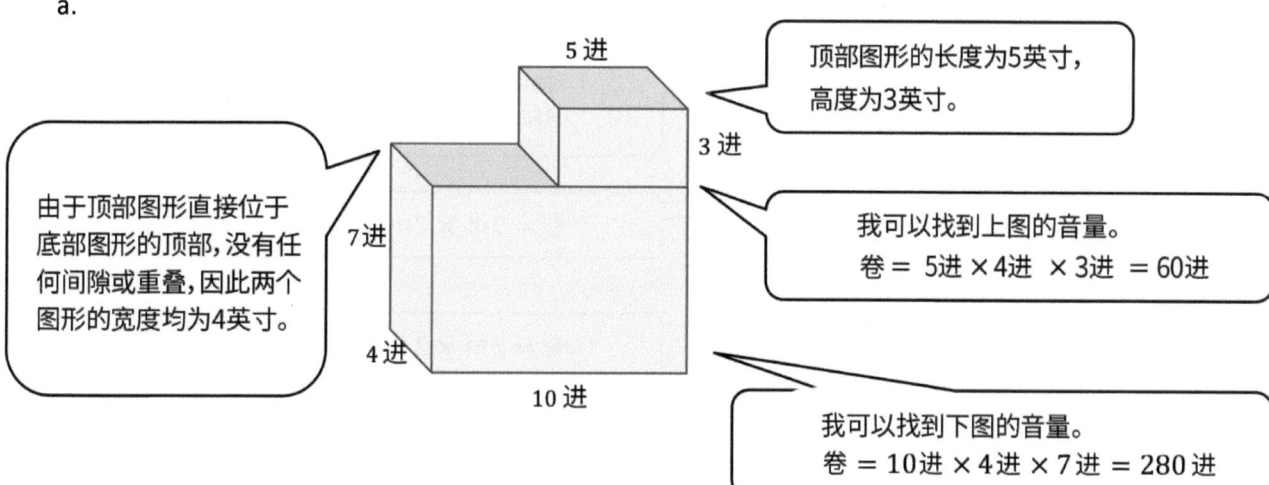

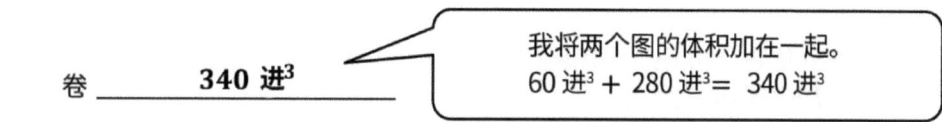

解题策略:

**我求出上方图形的体积,60 英寸³,和下方图形的体积,280 英寸³。
然后,我把两个体积相加,得出总共 340 英寸³。**

b.

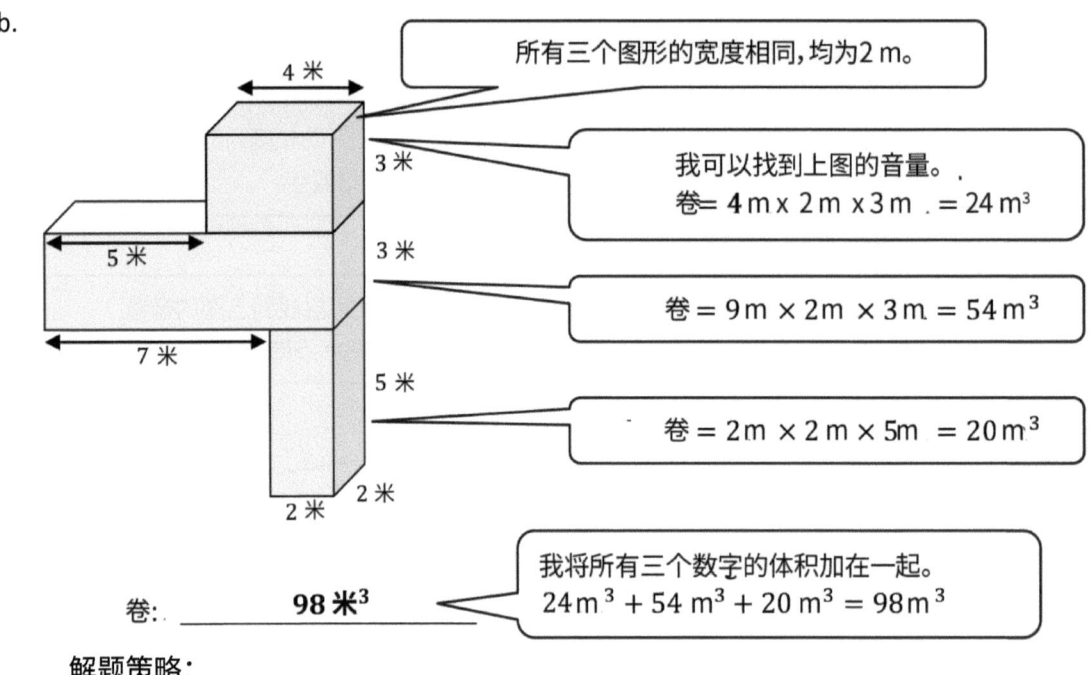

解题策略：

我得出上方图形的体积，24 米³、中间图形的体积，54 米³，和下方图形的体积，20 米³。然后，我把三个体积相加来得出总共 98 米³。

2. 一个鱼缸的底部面积是 65 厘米²；把水灌注到 21 厘米高度。如果鱼缸的高度是 30 厘米，还需要多少水才可以把鱼缸灌注到边缘？

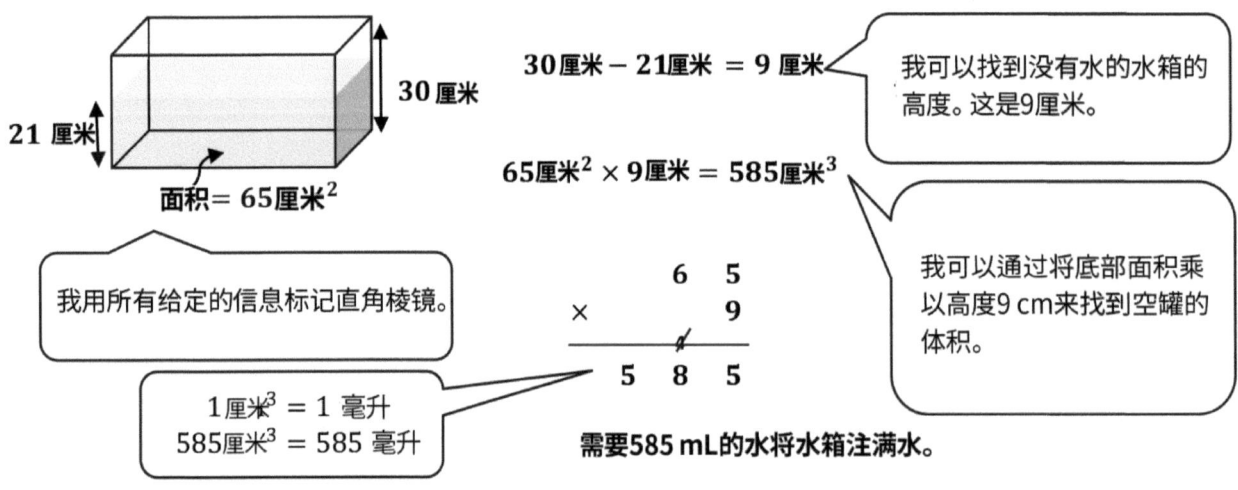

单位的故事　　　　　　　　　　　　　　　　　　　　第6课家庭作业 5•5

姓名 _____　　　　　日期 _____

1. 求出各图形的的总体积,并记录你的解题策略。

   a.

   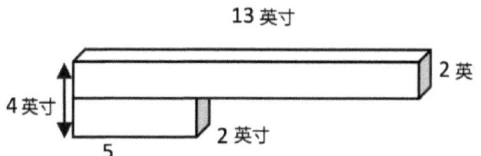

   体积：_____

   解题策略：

   b.

   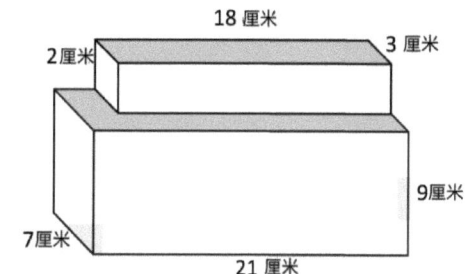

   体积：_____

   解题策略：

   c.

   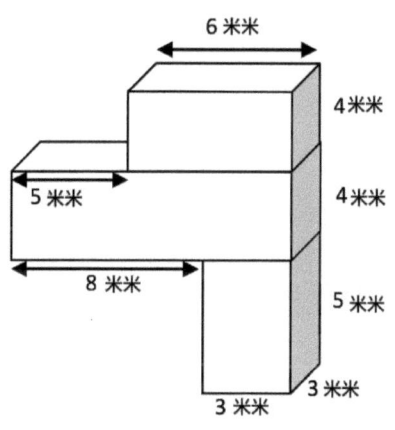

   体积：_____

   解题策略：

   d.

   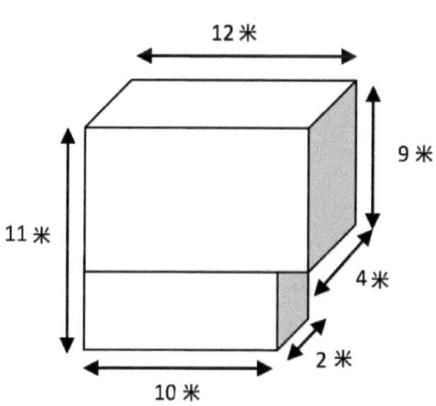

   体积：_____

   解题策略：

2. 以下图形又两种不同尺寸的矩形棱柱所组成。一种棱柱的尺寸是 3 英寸乘 6 英寸乘 14 英寸。另一种的尺寸是 15 英寸乘 5 英寸乘 10 英寸。这个图形的总体积是多少?

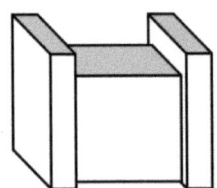

3. 两个相同立方体的总体积是 250 立方厘米。一个立方体的一边的长度是多少?

4. 一个鱼缸的底部面积是 45 厘米² 并且被灌注至 12 厘米深。如果鱼缸的高度是 25 厘米,还需要多少水才可以把鱼缸灌注到边缘?

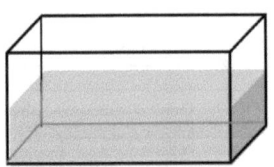

5. 三个矩形棱柱加起来的总体积是 518 立方英尺。棱柱 A 的体积是棱柱 B 的三分之一,而棱柱 B 和 C 的体积相同。每一个棱柱的体积是多少?

艾德文建造了一些矩形花盆。

1. 艾德文第一个花盆是 6 英尺长和 2 英尺宽。他把泥土装入花盆容器，泥土高度是 3 英尺。花盆内的泥土体积是多少？使用一幅绘图来解释你的作业。

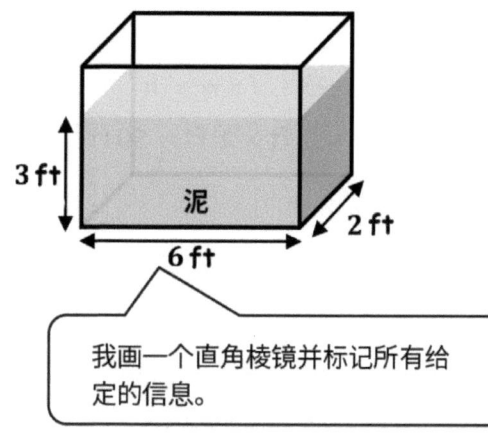

卷 = 长度 × 宽度 × 高度

$V = 6 \text{ ft} \times 2 \text{ ft} \times 3 \text{ ft} = 36 \text{ ft}^3$

播种机中的土壤体积为36立方英尺。

我画一个直角棱镜并标记所有给定的信息。

我可以将土壤的长度，宽度和高度相乘，得出播种机中土壤的体积。

为了拥有50立方英尺的体积，我必须考虑可以乘以50的不同因素。由于体积是三维的，因此我将不得不考虑三个因素。

2. 艾德文希望在两个花盆里种一些花。他希望每一个花盆的体积为 50 立方英尺，但他希望这些花盆有不同的 展示艾德文可以用哪两种不同的方法来制作这些花盆，然后绘画这些花盆的图画并加上花盆的尺寸。

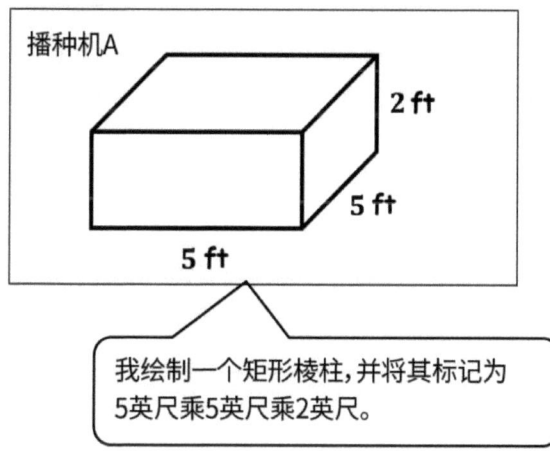

我需要考虑3个因素，得出50的乘积。

卷 = $l \times w \times h$

$V = 5 \text{ ft} \times 5 \text{ ft} \times 2 \text{ ft} = 50 \text{ ft}^3$

我绘制一个矩形棱柱，并将其标记为 5英尺乘5英尺乘2英尺。

我可以通过找到播种机A的体积来验证我的答案。答案是50立方英尺。

第7课： 解答涉及整数边长的矩形棱柱体积的文字题。

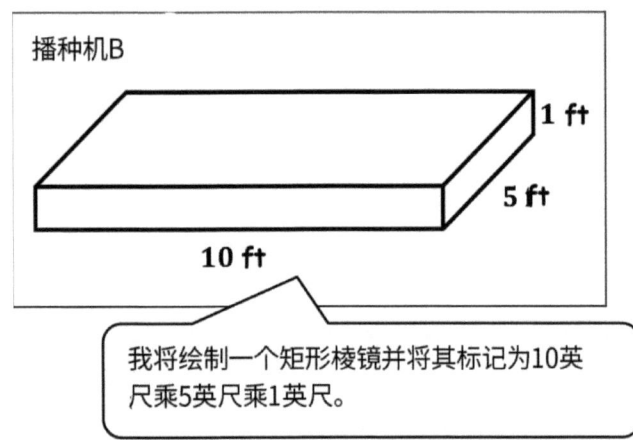
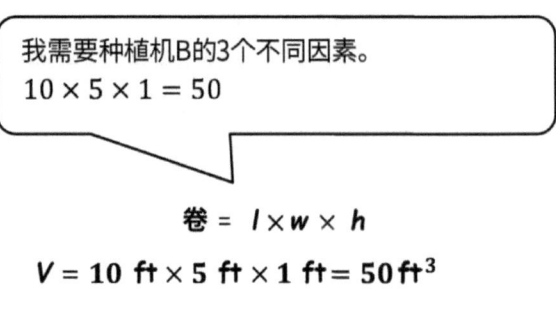

为了拥有30立方英尺的体积，我必须考虑三个乘积为30的因素。

3. 艾德文希望制作一个花盆，从地面延伸到他房子的后窗下方。后窗的底部距离地面 3 英尺。如果他希望那个花盆容纳 30 立方英尺的泥土，请说出一种方法让他可以建造不高于 3 英尺的花盆。解释你怎么知道的。

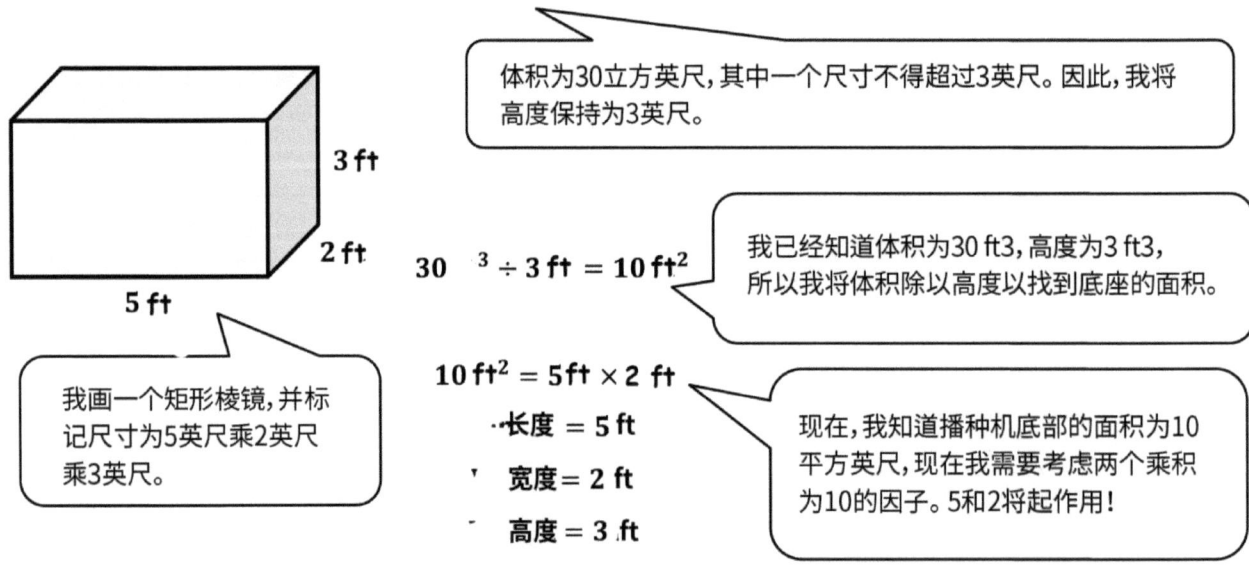

因为艾德文希望建造的花盆高 3 英尺 而容量是 30 英尺^3，花盆的 播种机 底部面积应该是 10 英尺^2。我画了一个花盆，长是 5 英尺，宽 2 英尺，高 3 英尺。

单位的故事

第7课家庭作业 5•5

姓名 _____ 日期 _____

蔚伦要制作一些矩形展示箱。

1. 蔚伦第一个展示箱长 6 英寸,宽 9 英寸,高 4 英寸。这个展示箱的容量是多少? 使用一幅绘图来解释你的作业。

2. 蔚伦要把一些美术作品放进三个影子箱。她知道它们的容量都必需是 60 立方英寸,但她希望它们全部都不同。通过绘图和标签尺寸来展示蔚伦可以制作这些箱子的三种不同方法。

影盒A	影盒B

影盒C

第7课: 解答涉及整数边长的矩形棱柱体积的文字题。

3. 蔚伦要制作一个箱子来整理她的草稿本材料。她有一套 12 英寸宽的模板，需要平放在箱子的底部。材料箱也必需不超过 2 英寸高。说出她可以建造一个容量为 72 立方英寸的材料箱一种方法。

4. 整理后，蔚伦决定她也需要更多存储空间用来放足球器材。她目前的存储箱的尺寸是 1 英尺长乘 2 英尺宽乘 2 英尺高。她觉察到需要把它替换成一个容量为 12 立方英尺的箱子，所有她把宽度变成双倍。

   a. 她这样做能不能达到她的目的？为什么是或者为什么不是？

   b. 如果她希望高度维持相同，一个 12 立方英尺的存储箱的其他边长可以是多少？

   c. 如果她用部分(b)的尺寸，新存储箱的底部面积是多少？

   d. 她的新存储箱的底部面积有什么改变？解释你怎么知道的。

1. 我有一个棱柱,尺寸是 8 英寸乘 12 英寸乘 20 英寸。计算棱柱的体积,然后给出两个各有相同容量的棱柱的 $\frac{1}{4}$ 尺寸。

> 要查找 $\frac{1}{4}$ 体积,我可 $\frac{1}{4}$ 以使用原始棱镜的体积除以4。1,920 in3等于 480 in³.

	长度	宽度	高度	高度
原始棱镜	8 in.	12 in.	20 in.	1,920 in.³

> 我将三个维度相乘以找到原始体积。
> 8 in × 12 in × 20 in = 1,920 in³

	长度	宽度	高度	高度
棱镜1	2 in.	12 in.	20 in.	480 in³

> 为了创建一个1,920的体积,$\frac{1}{4}$ 我可以更改其中一个尺寸,并保持 $\frac{1}{4}$ 其他尺寸不变。

> 2 in × 12 in × 20 in = 480 in³

	长度	宽度	高度	高度
棱镜2	8 in.	6 in.	10 in.	480 in³

> 我可以创建1,920的体积的另一种方法是更 $\frac{1}{4}$ 改两个尺寸并保持另一个不变。
>
> $\frac{1}{2} \times 12 = 6$ in
> $\frac{1}{2} \times 20 = 10$ in

第8课: 应用容量的概念和方程式来设计一个雕塑,并使用给定参数内的矩形棱柱。

> 凯拉的卧室容量为 800 ft^3。
> $10 \text{ ft} \times 8 \text{ ft} \times 10 \text{ ft} = 800 \text{ ft}^3$

> 将体积加倍的一种方法是将一个尺寸加倍,而其他尺寸保持不变。

2. 凯勒的卧室的尺寸是 10 英尺乘 8 英尺乘 10 英尺。她的地下室有相同的高度 (10 英尺) 但容量是双倍。给出地下室的两组可能的尺寸,以及地下室的容量。

长度:$10 \text{ ft} \times 2 = 20 \text{ ft}$

宽度:8 ft

高度:10 ft

> 我可以将长度加倍,即 $10 \text{ ft} \times 2 = 20 \text{ ft}$,并且宽度和高度都应相同。

卷 $= 20 \text{ ft} \times 8 \text{ ft} \times 10 \text{ ft} = 1{,}600 \text{ ft}^3$

> $1{,}600 \text{ ft}^3$ 是原体积的两倍 ft^3 800

长度:$10 \text{ ft} \times 4 = 40 \text{ ft}$

宽度:$8 \text{ ft} \times \frac{1}{2} = 4 \text{ ft}$

高度:10 ft

> 为了使音量加倍,我还可以将长度加倍,并将宽度减半。

卷 $= 40 \text{ ft} \times 4 \text{ ft} \times 10 \text{ ft} = 1{,}600 \text{ ft}^3$

> $1{,}600 \text{ ft}^3$ 是原体积的两倍 ft^3 800

第8课: 应用容量的概念和方程式来设计一个雕塑,并使用给定参数内的矩形棱柱。

单位的故事　　　　　　　　　　　　　　　　　　　　　　　第8课家庭作业 5•5

姓名 _____ 日期 _____

1. 我有一个棱柱,尺寸是 6 厘米乘 12 厘米乘 15 厘米。计算棱柱的体积,然后给出三个各有相同容量的棱柱的 $\frac{1}{3}$ 尺寸。

	长度	宽度	高度	体积
原本的棱柱	6 cm	12 cm	15 cm	
棱柱 1				
棱柱 2				
棱柱 3				

2. 孙妮的卧室的尺寸是 11 英尺乘 10 英尺乘 10 英尺。她的地下室有相同的高度但容量是双倍。给出地下室的两组可能的尺寸,以及地下室的容量。

第8课：　应用容量的概念和方程式来设计一个雕塑,并使用给定参数内的矩形棱柱。

寻找你家里的三个矩形棱柱。描述你在测量的物件（例如：零食盒，纸巾盒），然后测量每一个尺寸至最接近的整数英寸，并计算容量。

a. 矩形棱柱 A

项目：麦片盒

高度 __**12**__ 英寸

长度 __**8**__ 英寸

宽度 __**3**__ 英寸

卷 __**288**__ 立方英寸

我将测量谷物盒，然后将三个尺寸相乘以找到体积。

卷 = 长度 × 宽度 × 高度
= 8 in × 3 in × 12 in
= 288 in³

b. 矩形棱柱 B

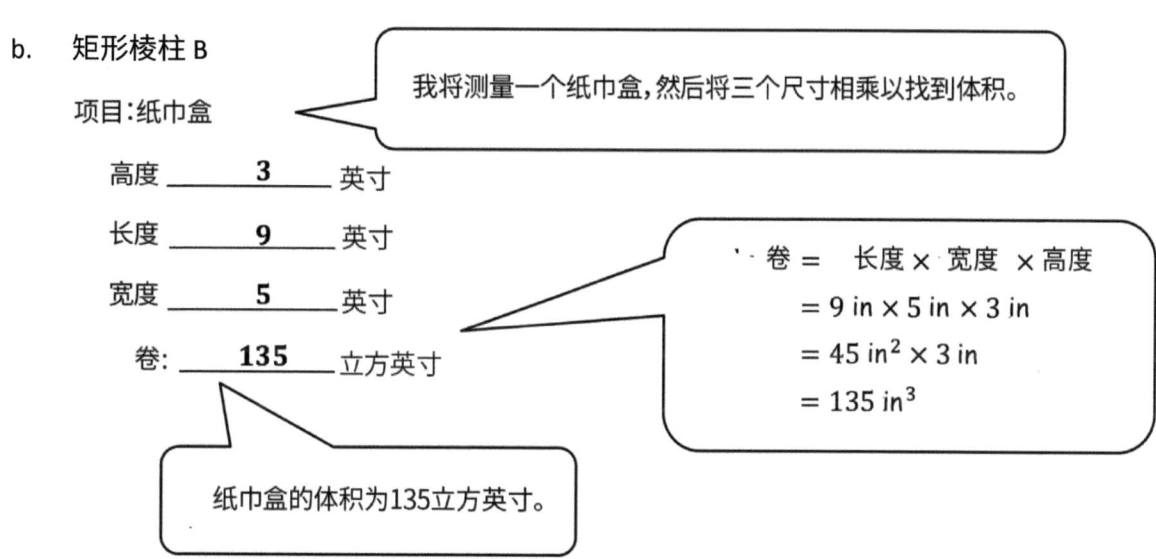

项目：纸巾盒

高度 __**3**__ 英寸

长度 __**9**__ 英寸

宽度 __**5**__ 英寸

卷：__**135**__ 立方英寸

我将测量一个纸巾盒，然后将三个尺寸相乘以找到体积。

卷 = 长度 × 宽度 × 高度
= 9 in × 5 in × 3 in
= 45 in² × 3 in
= 135 in³

纸巾盒的体积为135立方英寸。

姓名 _____ 日期 _____

1. 寻找你家里的三个矩形棱柱。描述你在测量的物件（例如：零食盒，纸巾盒），然后测量每一个尺寸至最接近的整数英寸，并计算容量。

   a. 矩形棱柱 A
      物件：

      高度：_____ 英寸

      长度：_____ 英寸

      宽度：_____ 英寸

      体积：_____ 立方英寸

   b. 矩形棱柱 B
      物件：

      高度：_____ 英寸

      长度：_____ 英寸

      宽度：_____ 英寸

      体积：_____ 立方英寸

   c. 矩形棱柱 C
      物件：

      高度：_____ 英寸

      长度：_____ 英寸

      宽度：_____ 英寸

      体积：_____ 立方英寸

1. 亚力斯用正方形单位来铺一些矩形。如果有需要可草绘矩形。填写缺少的信息，然后用乘法来确定面积。

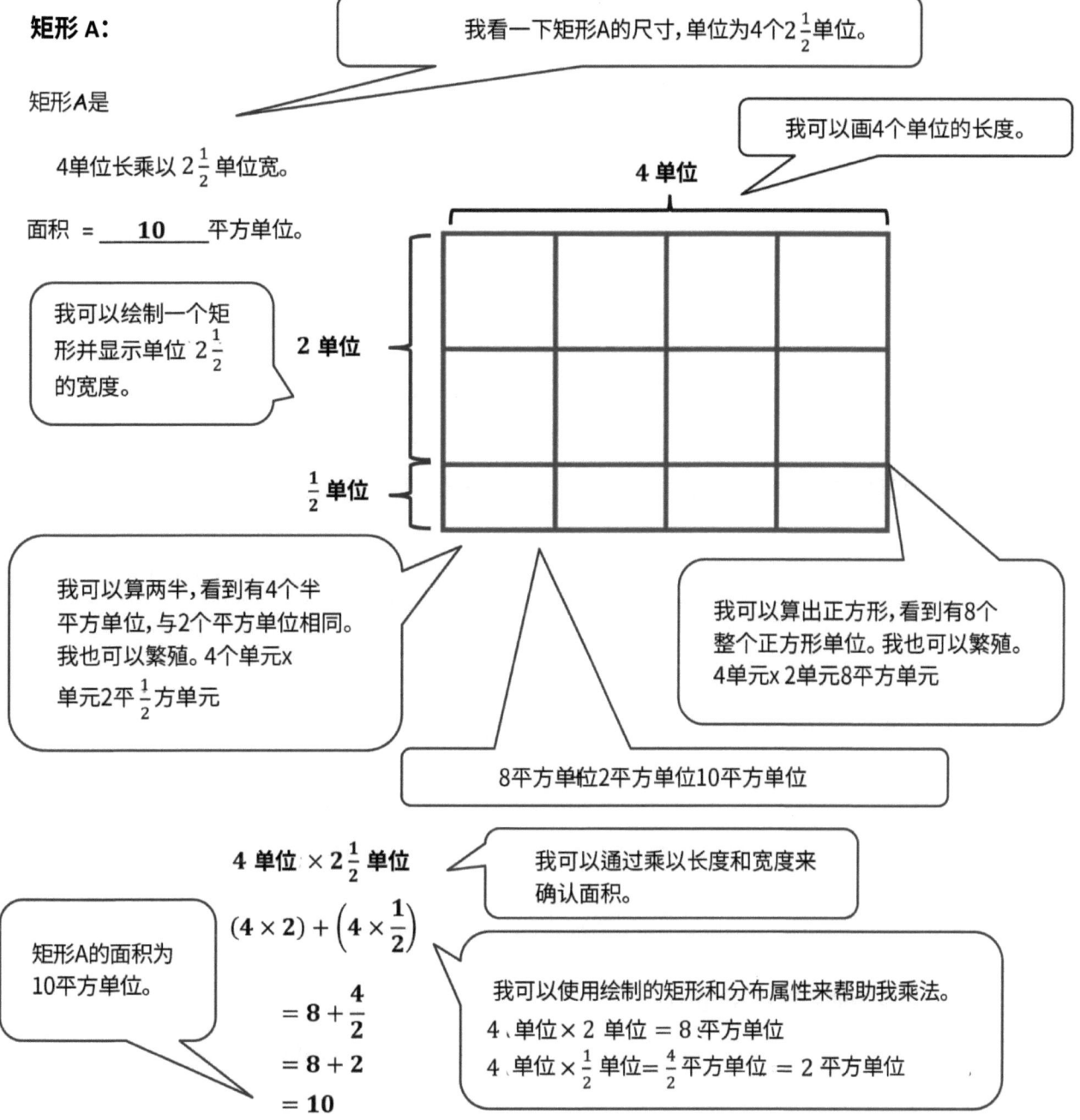

矩形 A:

矩形A是

4单位长乘以 $2\frac{1}{2}$ 单位宽。

面积 = __10__ 平方单位。

我可以绘制一个矩形并显示单位 $2\frac{1}{2}$ 的宽度。

我看一下矩形A的尺寸，单位为4个 $2\frac{1}{2}$ 单位。

我可以画4个单位的长度。

4 单位

2 单位

$\frac{1}{2}$ 单位

我可以算两半，看到有4个半平方单位，与2个平方单位相同。我也可以繁殖。4个单元x 单元2平 $\frac{1}{2}$ 方单元

我可以算出正方形，看到有8个整个正方形单位。我也可以繁殖。4单元x 2单元8平方单位

8平方单位2平方单位10平方单位

$4 \text{ 单位} \times 2\frac{1}{2} \text{ 单位}$

$(4 \times 2) + \left(4 \times \frac{1}{2}\right)$

$= 8 + \frac{4}{2}$

$= 8 + 2$

$= 10$

我可以通过乘以长度和宽度来确认面积。

我可以使用绘制的矩形和分布属性来帮助我乘法。
4、单位 × 2 单位 = 8 平方单位
4、单位 × $\frac{1}{2}$ 单位 = $\frac{4}{2}$ 平方单位 = 2 平方单位

矩形A的面积为10平方单位。

第10课： 通过铺块求出整数乘带分数和整数乘分数边长的矩形面积，用绘图来记录，并关联到分数乘法。

2. 桓妮塔用不同颜色的矩形块制作了一个马赛克。两块蓝色块的尺寸是 $2\frac{1}{2}$ 英寸 × 3 英寸。五块白色块的尺寸是 3 英寸 × $2\frac{1}{4}$ 英寸。整个马赛克的面积是多少平方英寸?

> 我可以找到一块蓝色瓷砖的面积。

$2\frac{1}{2}$ in × 3 in

$(2 \times 3) + \left(\frac{1}{2} \times 3\right)$

$= 6 + \frac{3}{2}$

$= 6 + 1\frac{1}{2}$

$= 7\frac{1}{2}$

1 块蓝色瓦块的面积是 $7\frac{1}{2}$ 英寸^2。

> 要找到两个蓝色瓷砖的面积,我可以将面积乘以2。

1 unit = $7\frac{1}{2}$ in^2

2 units = $2 \times 7\frac{1}{2}$ in^2

$= (2 \times 7) + \left(2 \times \frac{1}{2}\right)$

$= 14 + \frac{2}{2}$

$= 14 + 1$

$= 15$

2 块蓝色瓦块的面积是 15 英寸^2。

> 我可以找到一块白色瓷砖的面积。

3 in × $2\frac{1}{4}$ in

$(3 \times 2) + \left(3 \times \frac{1}{4}\right)$

$= 6 + \frac{3}{4}$

$= 6\frac{3}{4}$

1 块白色瓦块的面积是 $6\frac{3}{4}$ 英寸^2。

> 要找到五个白色瓷砖的面积,我可以将面积乘以5。

1 单元 = $6\frac{3}{4}$ in^2

5 单元 = $5 \times 6\frac{3}{4}$ in^2

$= (5 \times 6) + \left(5 \times \frac{3}{4}\right)$

$= 30 + \frac{15}{4}$

$= 30 + 3\frac{3}{4}$

$= 33\frac{3}{4}$

5 块白色瓦块的面积是 $33\frac{3}{4}$ 英寸^2。

$33\frac{3}{4}$ 英寸^2 + 15 英寸^2 = $48\frac{3}{4}$ 英寸^2

> 我可以将两个区域加在一起以找到整个镶嵌的区域。

整个马赛克的面积是 $48\frac{3}{4}$ 平方英寸。

姓名 _____ 日期 _____

1. 约翰用正方形单位来铺一些矩形。如果有需要可草绘矩形。填写缺少的信息,然后用乘法来确定面积。

   a. 矩形 A：

   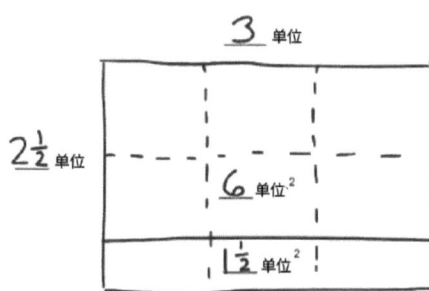

   矩形 A 是

   __3__ 单位长   __2½__ 单位宽

   面积 = _____ 单位²

   b. 矩形 A：

   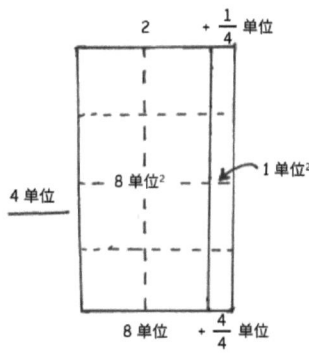

   矩形 B 是：

   _____ 单位长 _____ 单位宽

   面积 = _____ 单位²

   c. 矩形 C：

   矩形 C 是

   __3/4__ 单位长   __4__ 单位宽

   面积 = _____ 单位²

d. **矩形 D:**

矩形 D 是

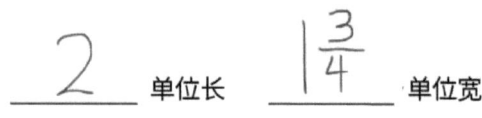

_____2_____ 单位长   _____$1\frac{3}{4}$_____ 单位宽

面积 = _____ 单位²

2. 莱澈尔用不同颜色的矩形块制作了一个马赛克。三块矩形的尺寸是 $3\frac{1}{2}$ 英寸 × 3 英寸。六块矩形的尺寸是 4 英寸 × $3\frac{1}{4}$ 英寸。整个马赛克的面积是多少平方英寸?

3. 一个花圃的周长是 $27\frac{1}{2}$ 英尺。如果长度是 9 英尺,花圃的面积是多少?

1. 欣迪用正方形单位铺了以下矩形。草绘矩形并求出面积。然后,用乘法来确定面积。

   a. **矩形 A:**

   > 我看一下矩形A的尺寸,即 $3\frac{1}{2}$ 单位乘 $2\frac{1}{2}$ 单位。

   矩形A是
   长 $3\frac{1}{2}$ 单位,宽 $2\frac{1}{2}$ 单位。

   面积 = $\underline{\quad 8\frac{3}{4} \quad}$ 单位²

   > 我画一个 $2\frac{1}{2}$ 单位的宽度。

   > 我可以画 $3\frac{1}{2}$ 个单位的长度。

   3 单位 $\frac{1}{2}$ 单位

   2 单位

   $\frac{1}{2}$ 单位

   $3\frac{1}{2} \times 2\frac{1}{2}$

   $= (2 \times 3) + \left(2 \times \frac{1}{2}\right) + \left(\frac{1}{2} \times 3\right) + \left(\frac{1}{2} \times \frac{1}{2}\right)$

   $= 6 + \frac{2}{2} + \frac{3}{2} + \frac{1}{4}$

   $= 6 + 1 + 1\frac{1}{2} + \frac{1}{4}$

   $= 6 + 1 + 1\frac{2}{4} + \frac{1}{4}$

   $= 8\frac{3}{4}$

   > 我可以看一下上面的矩形来帮助我进行乘法。
   >
   > 2 面积 × 3 面积 = 6 面积²
   > 2 面积 × $\frac{1}{2}$ 面积 = $\frac{2}{2}$ 面积² = 1 面积²
   > $\frac{1}{2}$ 面积 × 3 面积 = $\frac{3}{2}$ 面积² = $1\frac{1}{2}$ 面积²
   > $\frac{1}{2}$ 面积 × $\frac{1}{2}$ 面积 = $\frac{1}{4}$ 面积²

   > 我将 $1\frac{1}{2}$ 重命名为 $1\frac{2}{4}$,以便添加。

   > 矩形A的面积为 $8\frac{3}{4}$ 平方单位。

第11课: 通过铺块求出带分数乘带分数和分数乘分数边长的矩形面积,用绘图来记录,并关联到分数乘法。

b. 矩形 A：

矩形 B 是：

$3\frac{1}{3}$ 单位长乘 $\frac{3}{4}$ 单位宽。

面积 = _____$2\frac{1}{2}$_____ 单位²

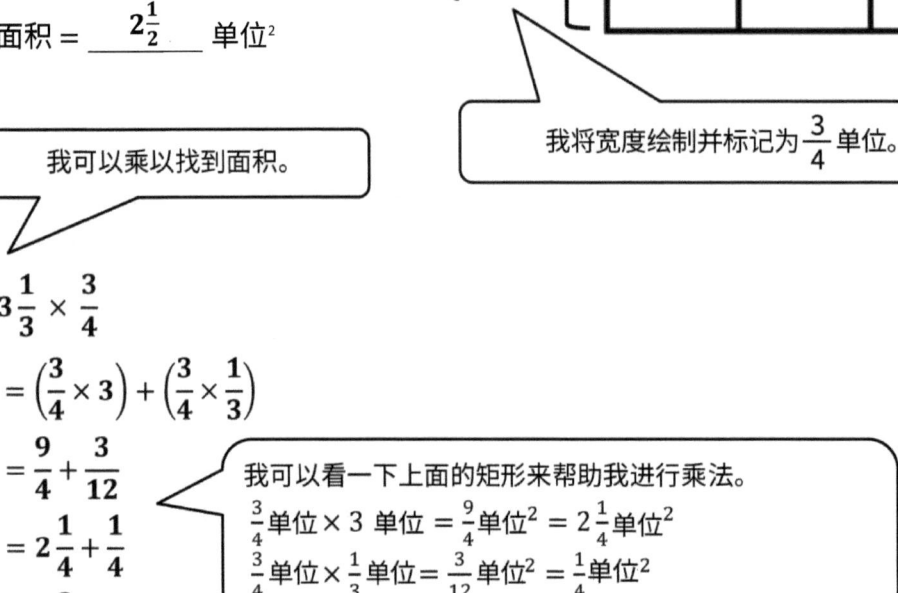

我画了 $3\frac{1}{3}$ 单位的长度。

3 单位　　$\frac{1}{3}$ 单位

$\frac{3}{4}$ 单位

我将宽度绘制并标记为 $\frac{3}{4}$ 单位。

我可以乘以找到面积。

$3\frac{1}{3} \times \frac{3}{4}$

$= \left(\frac{3}{4} \times 3\right) + \left(\frac{3}{4} \times \frac{1}{3}\right)$

$= \frac{9}{4} + \frac{3}{12}$

$= 2\frac{1}{4} + \frac{1}{4}$

$= 2\frac{2}{4}$

$= 2\frac{1}{2}$

我可以看一下上面的矩形来帮助我进行乘法。

$\frac{3}{4}$ 单位 $\times$ 3 单位 $= \frac{9}{4}$ 单位² $= 2\frac{1}{4}$ 单位²

$\frac{3}{4}$ 单位 $\times \frac{1}{3}$ 单位 $= \frac{3}{12}$ 单位² $= \frac{1}{4}$ 单位²

矩形B的面积为 $2\frac{1}{2}$ 平方单位。

2. 某个正方形的周长是 36 英寸。正方形的面积是多少？

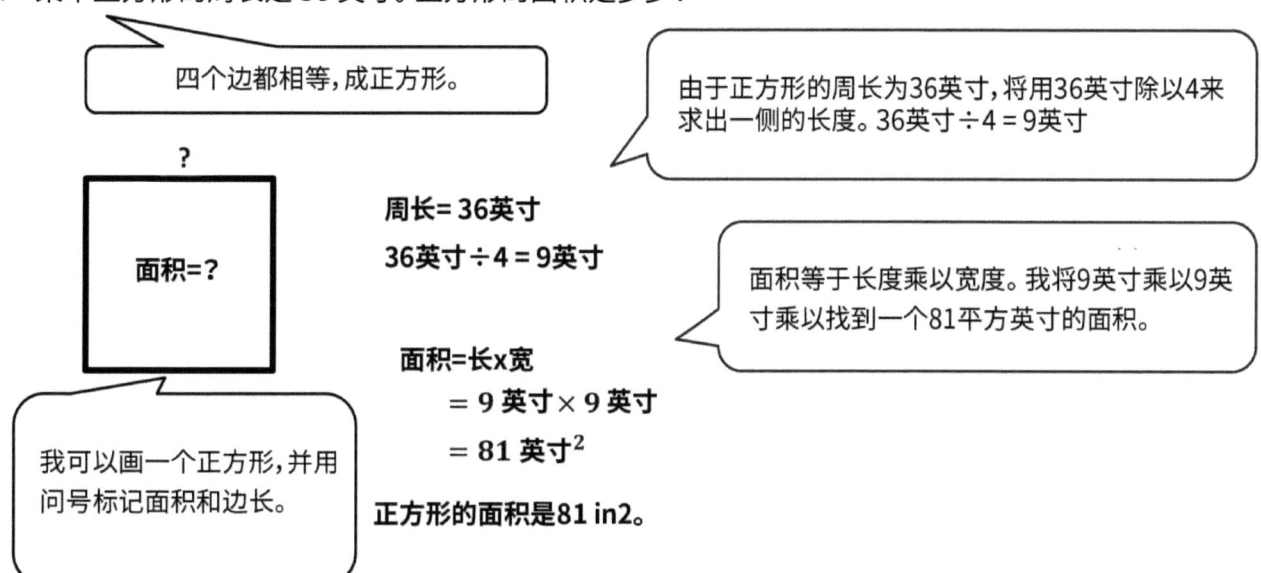

姓名 _____ 日期 _____

1. 克莉斯婷用正方形单位铺了以下矩形。草绘矩形并求出面积。然后，用乘法来确定面积。矩形 A 已经为你草绘完成。

   a. **矩形 A：**

   ```
          2个        3/4个单位
        ┌──────────┬────────┐
        │  2个²    │ 3/4单位²│
   1个  │          │        │
        ├──────────┼────────┤
   1/2个单位│ 1个²  │ 3/8单位²│
        └──────────┴────────┘
   ```

   矩形 A 是

   _____ 单位长 × _____ 单位宽

   面积 = _____ 单位²

   b. **矩形 A：**

   矩形 B 是：

   $2\frac{1}{2}$ 单位长 × $\frac{3}{4}$ 单位宽

   面积 = _____ 单位²

   c. **矩形 C：**

   矩形 C 是

   $3\frac{1}{3}$ 单位长 × $2\frac{1}{2}$ 单位宽

   面积 = _____ 单位²

d. 矩形 D：

矩形 D 是

$3\frac{1}{2}$ 单位长 × $2\frac{1}{4}$ 单位宽

面积 = _____ 单位²

2. 某个正方形的周长是 25 英寸。正方形的面积是多少？

单位的故事 第12课家庭作业助手 5•5

1. 用尺子测量矩形至最接近的 $\frac{1}{4}$ 英寸,并标签尺寸。用面积模型来求出面积。

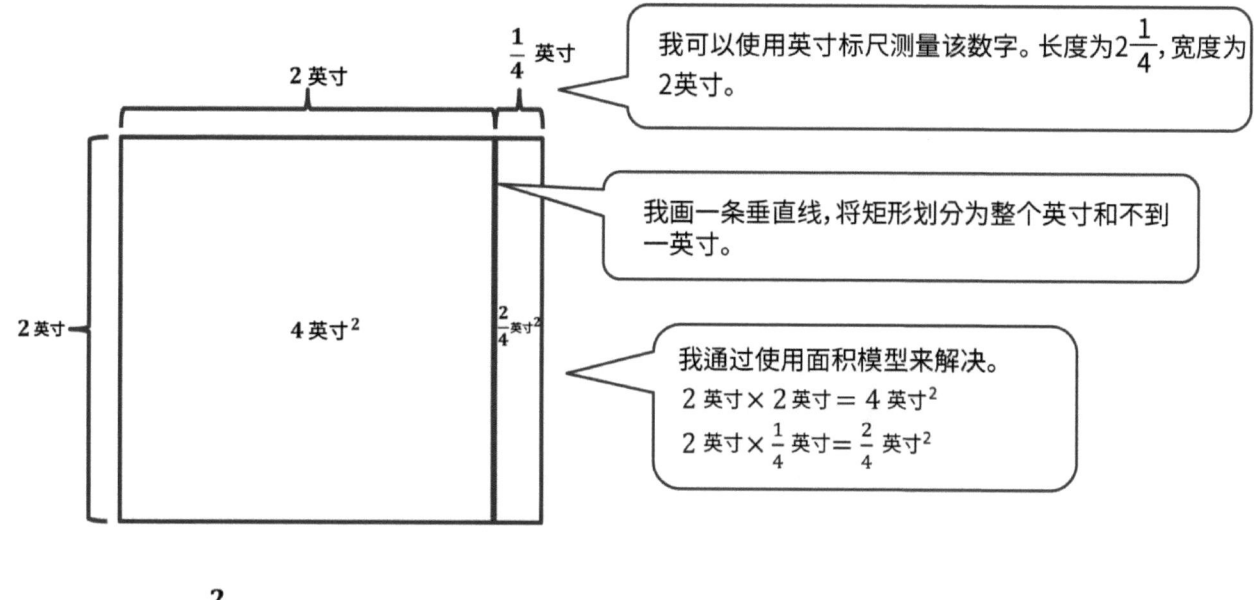

我可以使用英寸标尺测量该数字。长度为 $2\frac{1}{4}$,宽度为 2英寸。

我画一条垂直线,将矩形划分为整个英寸和不到一英寸。

我通过使用面积模型来解决。
2 英寸 × 2 英寸 = 4 英寸²
2 英寸 × $\frac{1}{4}$ 英寸 = $\frac{2}{4}$ 英寸²

$4 \text{ 英寸}^2 + \frac{2}{4} \text{ 英寸}^2$

我将两个局部区域相加,以找到总区域。

$= 4 \text{ 英寸}^2 + \frac{1}{2} \text{ 英寸}^2$

$= 4\frac{1}{2} \text{ 英寸}^2$

面积= $4\frac{1}{2}$ 英寸²

第12课: 测量以求出分数边长的矩形的面积。

2. 求出以下尺寸的矩形的面积。用面积模型来解释你的想法。

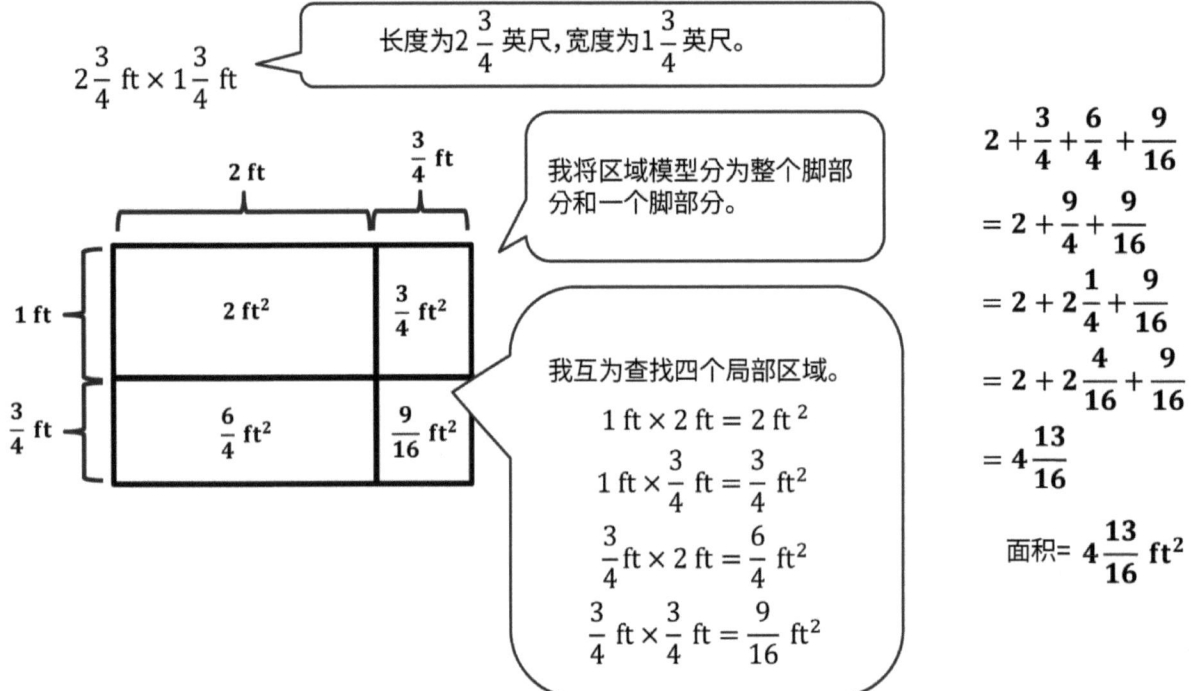

$2\frac{3}{4}$ ft $\times 1\frac{3}{4}$ ft

长度为 $2\frac{3}{4}$ 英尺，宽度为 $1\frac{3}{4}$ 英尺。

我将区域模型分为整个脚部分和一个脚部分。

我互为查找四个局部区域。

1 ft $\times 2$ ft $= 2$ ft^2

1 ft $\times \frac{3}{4}$ ft $= \frac{3}{4}$ ft^2

$\frac{3}{4}$ ft $\times 2$ ft $= \frac{6}{4}$ ft^2

$\frac{3}{4}$ ft $\times \frac{3}{4}$ ft $= \frac{9}{16}$ ft^2

$2 + \frac{3}{4} + \frac{6}{4} + \frac{9}{16}$

$= 2 + \frac{9}{4} + \frac{9}{16}$

$= 2 + 2\frac{1}{4} + \frac{9}{16}$

$= 2 + 2\frac{4}{16} + \frac{9}{16}$

$= 4\frac{13}{16}$

面积 $= 4\frac{13}{16}$ ft^2

3. 兹克拉在她的房子里铺地毯。她希望在客厅里铺地毯，尺寸是 12 ft $\times 10\frac{1}{2}$ ft。她也希望在卧室里铺地毯，尺寸是 10 ft $\times 7\frac{1}{2}$ ft。她需要多少平方英尺地毯才可以覆盖两个房间？

客厅面积：

12 ft $\times 10\frac{1}{2}$ ft

$(12 \times 10) + \left(12 \times \frac{1}{2}\right)$

$= 120 + 6$

$= 126$

面积 $= 126$ ft^2

我通过乘以长度和宽度来找到客厅的面积。它是126平方英尺。

卧室面积：

10 ft $\times 7\frac{1}{2}$ ft

$10 \times \frac{15}{2}$

$= \frac{150}{2}$

$= 75$

面积 $= 75$ ft^2

我通过乘以长度和宽度来找到卧室的面积。它是75平方英尺。

126 ft$^2 + 75$ ft$^2 = 201$ ft^2

她将需要201平方英尺的地毯覆盖两个房间。

我将两个房间的面积合并起来，以找到总面积。总面积为201平方英尺。

姓名 _____ 日期 _____

1. 用尺子测量每个矩形至最接近的 $\frac{1}{4}$ 英寸,并标签尺寸。用面积模型来求出面积。

   a.

   b.

   c.

   d.

   e.

第12课： 测量以求出分数边长的矩形的面积。

2. 求出以下尺寸的矩形的面积。用面积模型来解释你的想法。

   a.　$2\frac{1}{4}$ yd × $\frac{1}{4}$ yd

   b.　$2\frac{1}{2}$ ft × $1\frac{1}{4}$ ft

3. 克丽买了一块布来覆盖帐篷下的面积。帐篷 4 英尺宽，面积是 31 平方英尺。她买的布是 $5\frac{1}{3}$ 英尺乘 $5\frac{3}{4}$ 英尺。那块布可不可以覆盖克丽的帐篷下的面积？画一个模型展示你的想法。

4. 姗侬和乐斯利希望在一个 $16\frac{1}{2}$ 英尺乘 $16\frac{1}{2}$ 英尺的房间里铺地毯。他们不可以在一个凸出来的娱乐系统下铺地毯。（见以下图画。）

   a. 没有地毯的空间面积是多少平方英尺？

   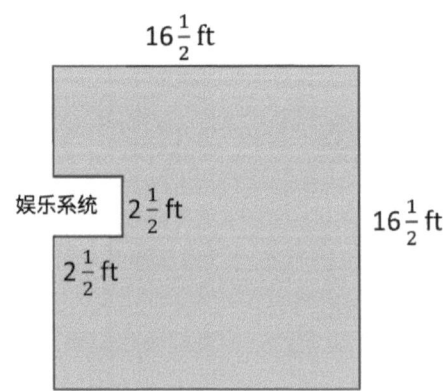

   b. 姗侬和乐斯利需要买多少平方英尺地毯？

第12课： 测量以求出分数边长的矩形的面积。

单位的故事 | 第13课家庭作业助手

1. 求出以下矩形的面积。如果有帮助，你可以画一个面积模型。

   a. $\frac{35}{4}$ ft × $2\frac{3}{7}$ ft ← 我可以使用乘法来查找区域。

   $\frac{35}{4} \times \frac{17}{7}$ ← 我可以将 $2\frac{3}{7}$ 重命名为大于 $1\frac{7}{17}$ 的分数。

   $= \frac{\overset{5}{35} \times 17}{4 \times \underset{1}{7}}$

   $= \frac{5 \times 17}{4 \times 1}$ ← 35和7的公因子为7。35÷7 = 5，而7÷7 = 1。新的分子为5 x 17，分母为4 x 1。

   $= \frac{85}{4}$

   $= 21\frac{1}{4}$ ← 我可以使用除法将分数从分数转换为带分数。85除以4等于 $21\frac{1}{4}$。

   面积= $21\frac{1}{4}$

   b. $4\frac{2}{3}$ 米 × $2\frac{3}{5}$ 米 ← 我使用区域模型来解决此问题。

	4 米	$\frac{2}{3}$ 米
2 米	8 米²	$\frac{4}{3}$ 米² = $1\frac{1}{3}$ 米²
$\frac{3}{5}$ 米	$\frac{12}{5}$ 米² = $2\frac{2}{5}$ 米²	$\frac{6}{15}$ 米²

   我可以乘以找到所有四个部分乘积。
   $2 \text{米} \times 4 \text{米} = 8 \text{米}^2$
   $2 \text{米} \times \frac{2}{3} \text{米} = \frac{4}{3} \text{米}^2 = 1\frac{1}{3} \text{米}^2$
   $\frac{3}{5} \text{米} \times 4 \text{米} = \frac{12}{5} \text{米}^2 = 2\frac{2}{5} \text{米}^2$
   $\frac{3}{5} \text{米} \times \frac{2}{3} \text{米} = \frac{6}{15} \text{米}^2$

   我可以添加所有四个部分产品来查找区域。

   $8 \text{米}^2 + 1\frac{1}{3} \text{米}^2 + 2\frac{2}{5} \text{米}^2 + \frac{6}{15} \text{米}^2$

   $= 11 \text{米}^2 + \frac{1}{3} \text{米}^2 + \frac{2}{5} \text{米}^2 + \frac{6}{15} \text{米}^2$

   $= 11 \text{米}^2 + \frac{5}{15} \text{米}^2 + \frac{6}{15} \text{米}^2 + \frac{6}{15} \text{米}^2$

   $= 11 \text{米}^2 + \frac{17}{15} \text{米}^2$

   $= 11 \text{米}^2 + 1\frac{2}{15} \text{米}^2$

   $= 12\frac{2}{15} \text{米}^2$

   面积 = $12\frac{2}{15}$ 米²

第13课： 乘带分数因素，然后关联到分布特性和面积模型。

2. Meigan正在用布料切成长方形的被子。如果矩形的长为 $4\frac{3}{4}$ 英寸，宽为 $2\frac{1}{2}$ 英寸，那么五个矩形的面积是多少？

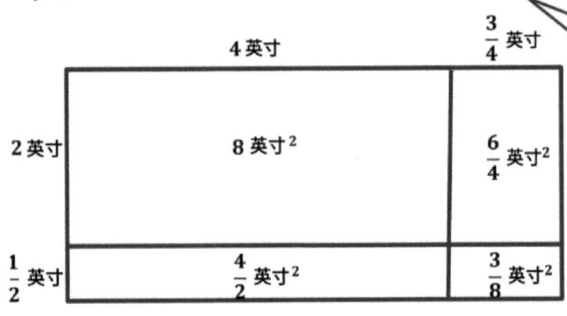

我绘制一个面积模型以帮助求解1个矩形的面积。

我可以找到1个矩形的面积，然后乘以5以找到5个矩形的总面积。

我可以将四个部分产品加起来。1个矩形的面积为 $11\frac{7}{8}$ 平方英寸。

$$4\frac{3}{4} \times 2\frac{1}{2}$$
$$= (4 \times 2) + \left(4 \times \frac{1}{2}\right) + \left(\frac{3}{4} \times 2\right) + \left(\frac{3}{4} \times \frac{1}{2}\right)$$
$$= 8 + \frac{4}{2} + \frac{6}{4} + \frac{3}{8}$$
$$= 8 + 2 + 1\frac{2}{4} + \frac{3}{8}$$
$$= 11 + \frac{4}{8} + \frac{3}{8}$$
$$= 11\frac{7}{8}$$

1单元 $= 11\frac{7}{8}$ 英寸^2

5 单位 $= 5 \times 11\frac{7}{8}$ 英寸^2

1个矩形或1个单位的面积等于 $11\frac{7}{8}$ 平方英寸。我可以乘以5来找到5个矩形或5个单位的面积。

$$(5 \times 11) + \left(5 \times \frac{7}{8}\right)$$
$$= 55 + \frac{35}{8}$$
$$= 55 + 4\frac{3}{8}$$
$$= 59\frac{3}{8}$$

五个矩形的面积为 $59\frac{3}{8}$ 平方英寸。

姓名 _____   日期 _____

1. 求出以下矩形的面积。如果有帮助，你可以画一个面积模型。

   a. $\frac{8}{3}$ cm × $\frac{24}{4}$ cm

   b. $\frac{32}{5}$ ft × $3\frac{3}{8}$ ft

   c. $5\frac{4}{6}$ in × $4\frac{3}{5}$ in

   d. $\frac{5}{7}$ m × $6\frac{3}{5}$ m

2. 克利斯正在用一些剩下来的瓦块来制作一个桌面。他有 9 块瓦块，尺寸是 $3\frac{1}{8}$ 英寸长和 $2\frac{3}{4}$ 英寸宽。他用这些瓦块可以覆盖的最大面积是多少？

单位的故事 第13课家庭作业 5•5

3. 一家酒店正在大堂的一部分重新铺地毯。地毯覆盖地板的部分,如下图灰色所示。将需要多少平方英尺的地毯?

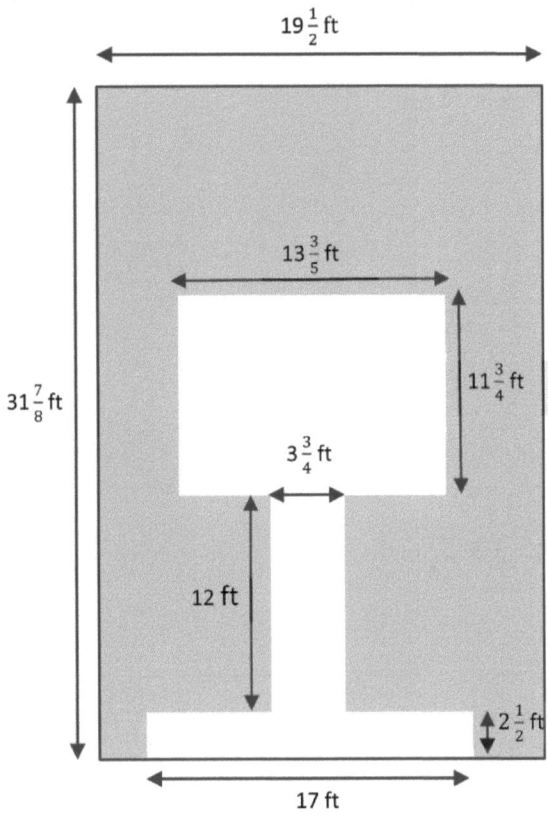

1. 森姆决定要替一堵有两个窗子的墙刷油。以下灰色部分显示窗子的位置。窗子不会被刷油。两个窗子都是 $2\frac{1}{2}$ 英尺 乘 $4\frac{1}{2}$ 英尺 的矩形。求出需要刷油的面积。

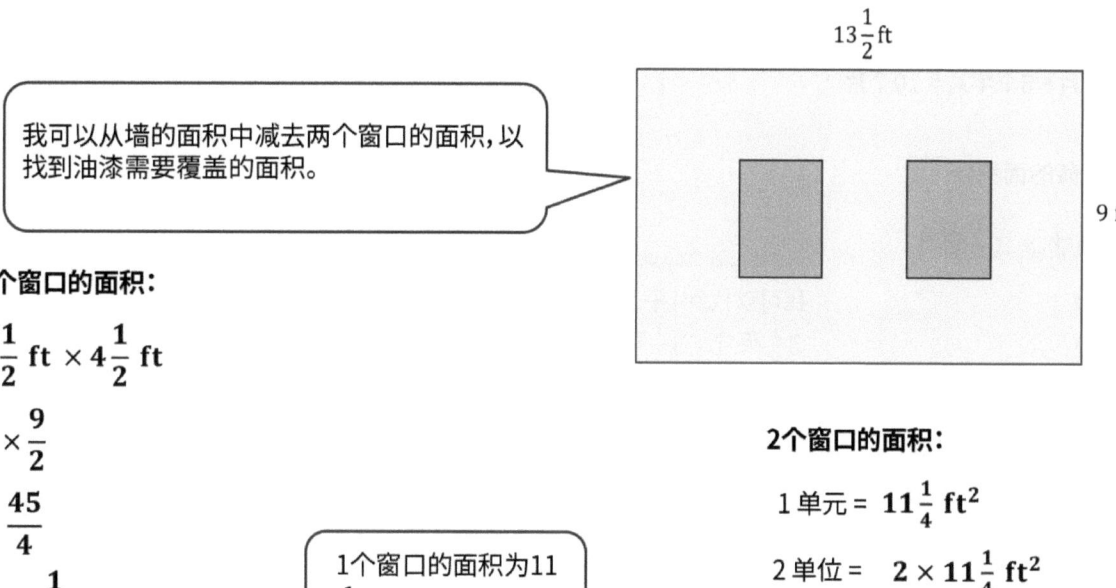

我可以从墙的面积中减去两个窗口的面积,以找到油漆需要覆盖的面积。

1个窗口的面积:

$2\frac{1}{2}$ ft $\times\ 4\frac{1}{2}$ ft

$\frac{5}{2} \times \frac{9}{2}$

$= \frac{45}{4}$

$= 11\frac{1}{4}$

面积 = $11\frac{1}{4}$ ft²

1个窗口的面积为 $11\frac{1}{4}$ ft²。

墙面面积:

$13\frac{1}{2}$ ft $\times$ 9 ft

$(13 \times 9) + \left(\frac{1}{2} \times 9\right)$

$= 117 + \frac{9}{2}$

$= 117 + 4\frac{1}{2}$

$= 121\frac{1}{2}$

面积= $121\frac{1}{2}$ ft²

2个窗口的面积:

1 单元 = $11\frac{1}{4}$ ft²

2 单位 = $2 \times 11\frac{1}{4}$ ft²

$(2 \times 11) + \left(2 \times \frac{1}{4}\right)$

$= 22 + \frac{2}{4}$

$= 22\frac{1}{2}$

面积= $22\frac{1}{2}$ ft²

我可以将1个窗口的面积加倍以找到2个窗口的面积。总面积为 $22\frac{1}{2}$ 平方英尺。

我可以从墙的面积中减去2个窗口的面积。

$121\frac{1}{2}$ ft² $- 22\frac{1}{2}$ ft² $= 99$ ft²

油漆需要覆盖99平方英尺。

2. 梅森用正方形块来制作以下图形,其中有些正方形块被他切成一半。如果每一个正方形块的一个边长是 $3\frac{1}{2}$ 英寸,图形的总面积是多少?

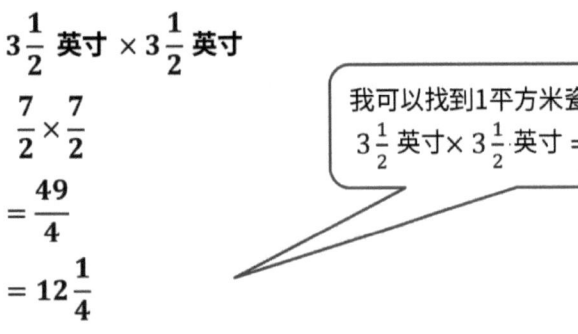

总图块:

7个全片 + 6个半片 = 10个片

> 我可以算一下图中的瓷砖。共有10个图块。

1片瓷砖的面积:

$3\frac{1}{2}$ 英寸 × $3\frac{1}{2}$ 英寸

$\frac{7}{2} \times \frac{7}{2}$

$= \frac{49}{4}$

$= 12\frac{1}{4}$

> 我可以找到1平方米瓷砖的面积。
> $3\frac{1}{2}$ 英寸 × $3\frac{1}{2}$ 英寸 = $12\frac{1}{4}$ 英寸²

Area = $12\frac{1}{4}$ 英寸²

10片瓷砖的面积:

> 要找到10个图块的面积,我可以将1个图块的面积乘以10。

1 单元 = $12\frac{1}{4}$ 英寸²

10 单位 = $10 \times 12\frac{1}{4}$ 英寸²

$(10 \times 12) + \left(10 \times \frac{1}{4}\right)$

$= 120 + \frac{10}{4}$

$= 120 + 2\frac{2}{4}$

$= 122\frac{1}{2}$

图形的总面积是 $122\frac{1}{2}$ 平方英寸。

姓名 _____ 日期 _____

1. 阿尔巴诺先生希望用黑板油漆在他的咖啡店墙上刷菜单。以下灰色面积显示矩形菜单的位置。每个菜单的尺寸将会是 6 英尺宽和 $7\frac{1}{2}$ 英尺高。

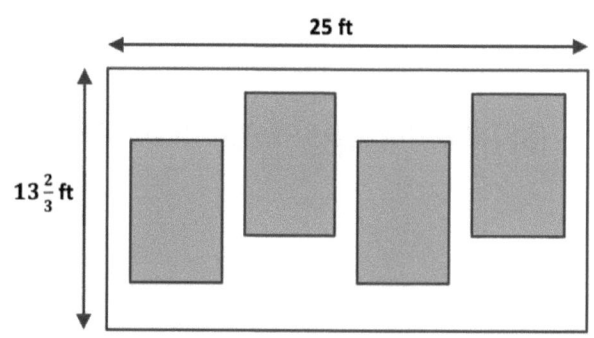

- 阿尔巴诺先生有多少平方英尺的菜单空间？

- 墙空间有多少面积没有被黑板油漆所覆盖？

2. 阿尔巴诺先生希望在前门用瓦块堆砌一个恐龙形状。他将需要把一些瓦块切成一半来制作图形。如果每一个正方形块的一个边长是 $4\frac{1}{4}$ 英寸，恐龙的总面积是多少？

3. 优质玻璃公司正在为一个建筑中的房子制造窗子。方格显示他们必需制造的尺寸的列表。

| 15 个窗子 $4\frac{3}{4}$ 英尺长和 $3\frac{3}{5}$ 英尺宽 |
| 7 个窗子 $2\frac{4}{5}$ 英尺宽和 $6\frac{1}{2}$ 英尺长 |

他们将需要制造多少平方英尺的玻璃?

4. 约翰逊先生需要为他的后院草坪买一些种子。

- 如果草坪的尺寸是 $40\frac{4}{5}$ 英尺乘 $50\frac{7}{8}$ 英尺,他将需要多少平方英尺的种子来覆盖整个面积?

- 如果他把播种机设置到最高速度,一袋种子可以覆盖 500 平方英尺,而把播种机设置到最低速度则可以覆盖 300 平方英尺。如果他使用最高速度,他将需要多少袋种子? 最低速度呢?

1. 一个花圃的长度是它的宽度的 3 倍。如果宽度是 $\frac{4}{5}$ 米，花圃的面积是多少？

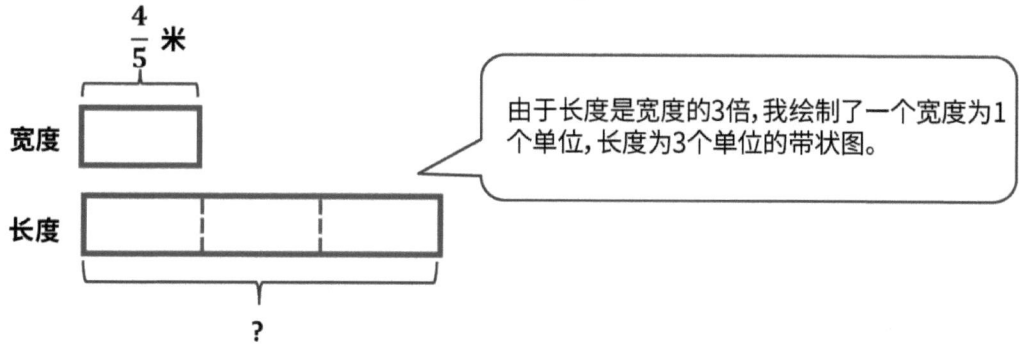

$\frac{4}{5}$ 米 $\times 3 = \frac{12}{5}$ 米

我发现花坛的长度乘以3。

面积 = 长 × 宽

$= \frac{12}{5}$ 米 $\times \frac{4}{5}$ 米

我通过将长度乘以宽度来找到花坛的面积。

$= \frac{48}{25}$ 米^2

$= 1\frac{23}{25}$ 米^2

花圃的面积为 $1\frac{23}{25}$ 平方米。

2. 陈太太在正方形的田中种香草。她的迷迭香田每一边长 $\frac{5}{6}$ 码。

   a. 求出迷迭香田的总面积。

   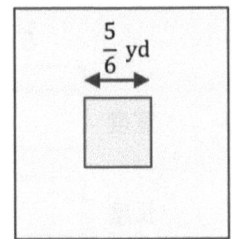

   面积=长x宽

   $= \frac{5}{6}$ yd $\times \frac{5}{6}$ yd

   $= \frac{25}{36}$ yd²

   > 我乘以长度乘以宽度来找到迷迭香图的面积。

   迷迭香田的总面积是 $\frac{25}{36}$ 平方码。

   b. 特兰太太在迷迭香周围围上篱笆。如果栅栏距离花园两边两英尺,那么栅栏的周长是多少？

   $\frac{5}{6}$ yd $= \frac{5}{6} \times 1$ yd

   $= \frac{5}{6} \times 3$ ft

   $= \frac{15}{6}$ ft

   $= 2\frac{3}{6}$ ft

   $= 2\frac{1}{2}$ ft

   > 我注意到这里的单位是英尺,但是我从上面的(a)部分发现的面积为码。

   > 我将 $\frac{5}{6}$ 码转换为英尺。迷迭香图的长度为 $2\frac{1}{2}$ 英尺。

   围栏的一侧：

   $2\frac{1}{2}$ ft $+ 4$ ft $= 6\frac{1}{2}$ ft

   > 我现在找到栅栏一侧的长度。由于栅栏距离花园的两边分别为2英尺,因此我在迷迭香图中增加了2英尺,即 $2\frac{1}{2}$ 英尺。围栏的每一侧均为 $6\frac{1}{2}$ 英尺长。

   围栏的周长：

   $6\frac{1}{2}$ ft $\times 4$

   $= (6$ ft $\times 4) + (\frac{1}{2}$ ft $\times 4)$

   $= 24$ ft $+ \frac{4}{2}$ ft

   $= 24$ ft $+ 2$ ft

   $= 26$ ft

   > 我将篱笆的一侧($6\frac{1}{2}$ 英尺)乘以4,以找到周长。

   围栏的周长为26英尺。

姓名 _____ 日期 _____

1. 一个野餐餐桌的宽度是它的长度的 3 倍。如果长度是 $\frac{5}{6}$ 码，野餐餐桌的面积是多少平方英尺？

2. 一家刷油公司将在一个建筑物的这一堵墙上刷油。建筑物的房东给了他们以下尺寸：

   窗子 A 是 $6\frac{1}{4}$ ft × $5\frac{3}{4}$ ft。

   窗子 B 是 $3\frac{1}{8}$ ft × 4 ft。

   窗子 C 是 $9\frac{1}{2}$ ft²。

   门是 4 ft × 8 ft。

   已刷油的墙壁部分的面积是多少？

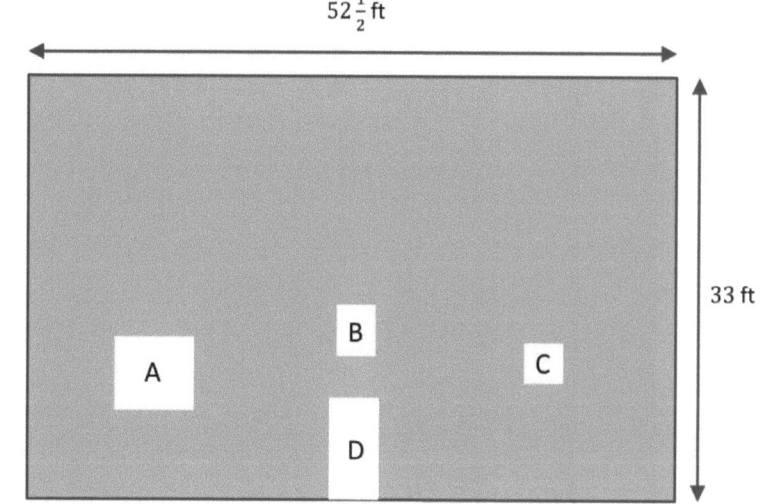

第15课： 使用视觉化模型和/或等式来解决涉及分数边长图形面积的现实世界问题。

3. 一个木质装饰由四个矩形组成，如右边所示。最小的矩形尺寸是 $4\frac{1}{2}$ 英寸乘 $7\frac{3}{4}$ 英寸。如果 $2\frac{1}{4}$ 英寸被加到每一个尺寸，随着矩形变大，整个装饰的总面积是多少？

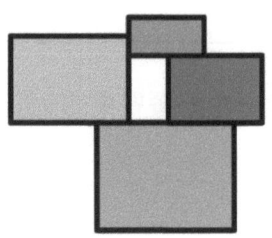

1. 有四条边的多边形称为什么?

    四边形

    > 我知道前缀"quad"的意思是"四个"。

2. 梯形的属性是什么?

    - **它们是四边形。**

    > 我知道一些具有更特定属性的梯形通常称为平行四边形,矩形,正方形,菱形和风筝。但是所有梯形都是四边形,至少有一组相对的边平行。

    - **它们具有至少一组平行的相对侧。**

    > 我知道有些梯形只有直角(90°),有些梯形有两个锐角(小于90°)和两个钝角(大于90°但小于180°),有些梯形具有直角,锐角的组合和钝角。

3. 用直尺和网格纸来绘画

    a. 一个有 2 条长度相等的边的梯形。

    b. 一个没有长度相等的边的梯形。

    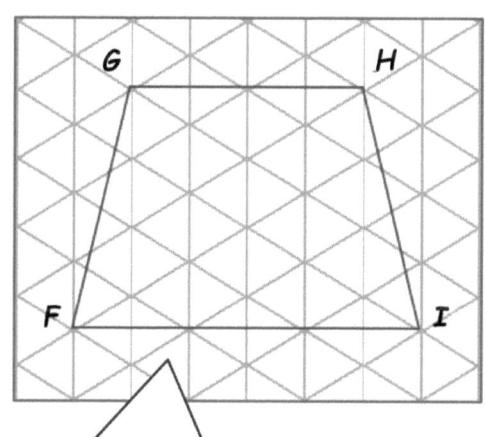

    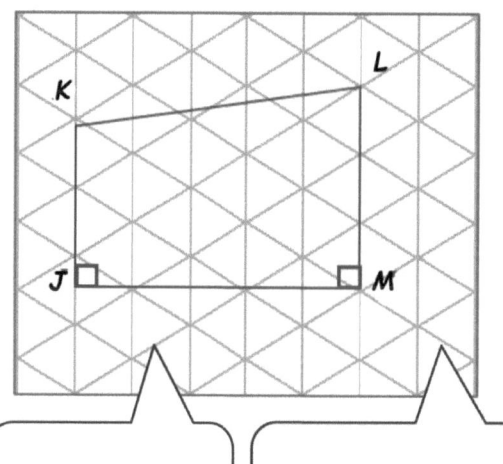

    > 由于该梯形具有2个等长的边($\overline{FG}$和$\overline{HI}$),因此称为等腰梯形。

    > ∠J和∠M是直角,尺寸为90°。

    > 在该梯形中,没有一个边的长度相等。

第16课: 画梯形来澄清其属性,然后根据那些属性来定义梯形。

姓名 _____   日期 _____

1. 用直尺和网格纸来绘画：

   a. 一个有 2 个直角的梯形。

   b. 一个没有直角的梯形。

2. 卡铺兰错误地把一些四边形分类为梯形和非梯形，如下图所示。

   a. 圈出被错误分类的形状，并说出它们的分类为什么不对。

梯形	非梯形
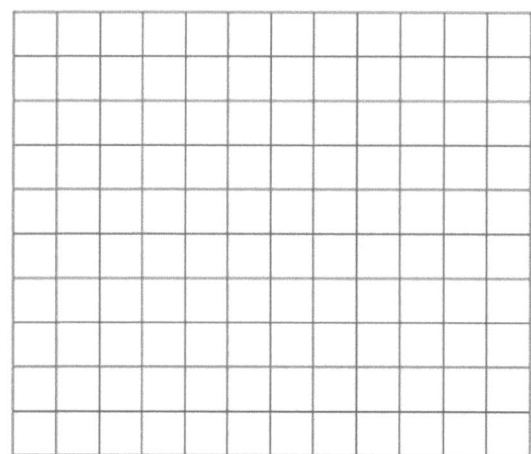	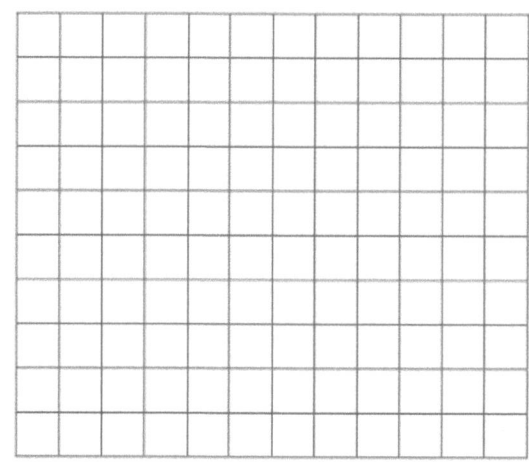

   b. 解释需要那些工具

3. a. 用直尺在网格纸上画一个等腰梯形。

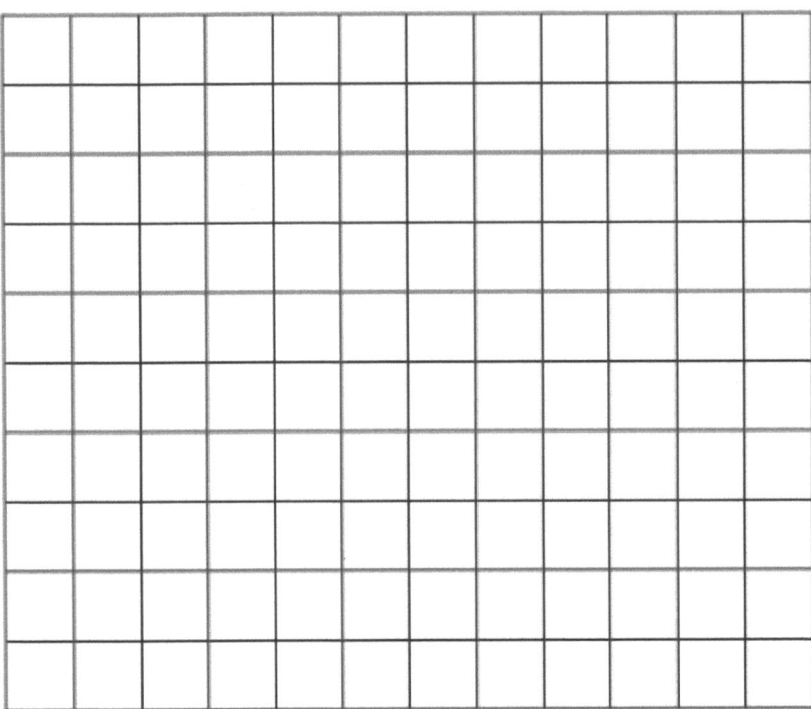

b. 这个形状为什么称为等腰梯形？

1. 圈出所有可以用于命名以下图形的字词。

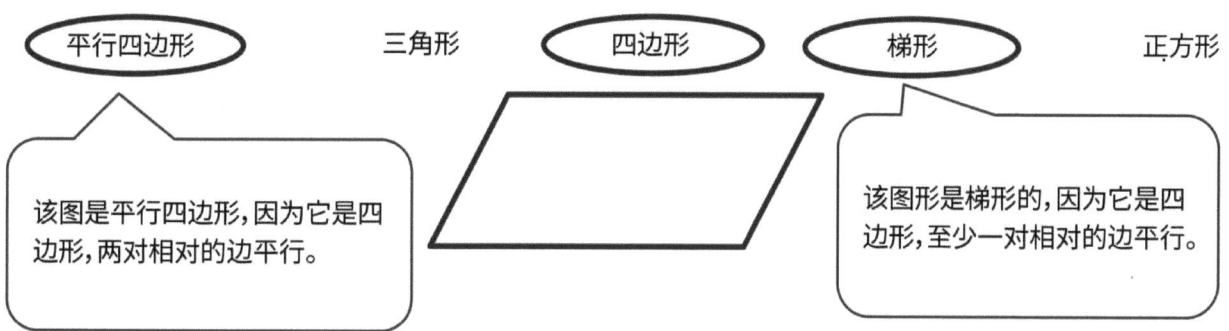

2. HIJK 是一个未按比例绘制的平行四边形。
   a. 使用你对于平行四边形的认识,给出 $\overline{KJ}$ 和 $\overline{HK}$ 的长度。

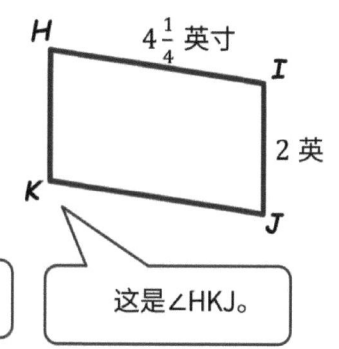

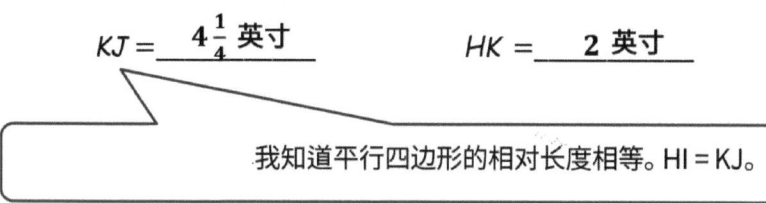

   b. —HKJ = 99°。使用你对于平行四边形的角度的知识来求出其他角度的大小。

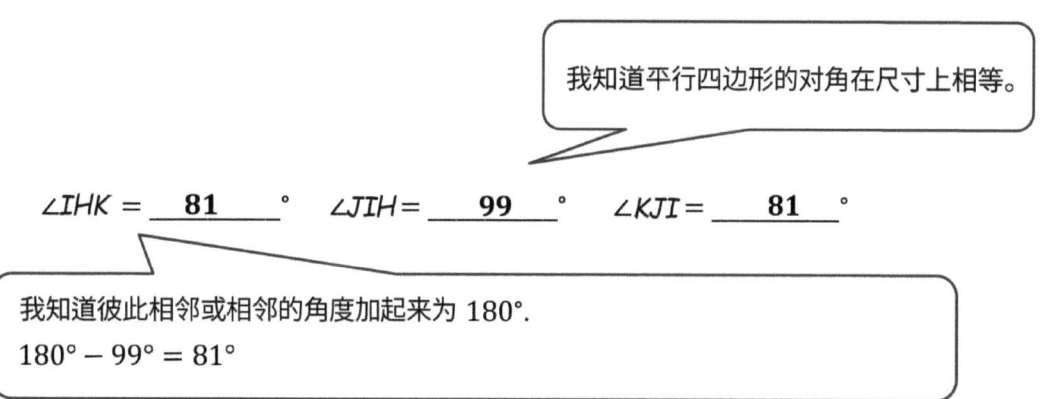

第17课: 画平行四边形来澄清其属性,然后根据那些属性来定义平行四边形。

3. $PQRS$ 是一个未按比例绘制的平行四边形。$PR = 10$ mm 而 $MS = 4.5$ mm。给出以下各段的长度：

PM = __5 米米__   QS = __9 米米__

> 我知道一个平行四边形的对角线将一分为二，或者被切成两个相等的部分。因此，$\overline{PM}$ 的长度等于 $\overline{PR}$ 的一半。

姓名 _____ 日期 _____

1. ∠A 是 60°。

   a. 延伸 ∠A 的射线，然后在网格纸上绘画平行四边形 ABCD。

   b. ∠B、∠C和∠D的角度是多少？

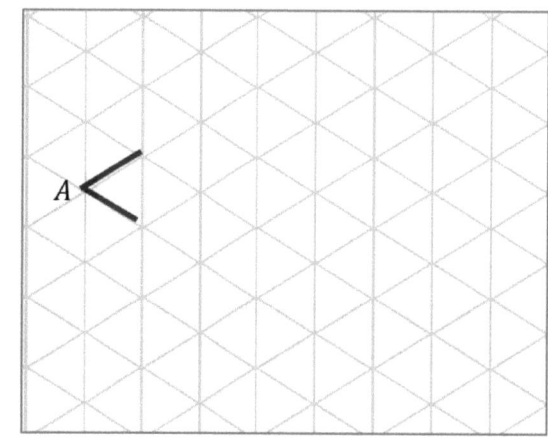

2. WXYZ 是一个未按比例绘制的平行四边形。

   a. 使用你对于平行四边形的认识，给出 XY 和 YZ 这两条边的长度。

   b. ∠WXY = 113°。使用你对于平行四边形的角度的知识来求出其他角的大小。

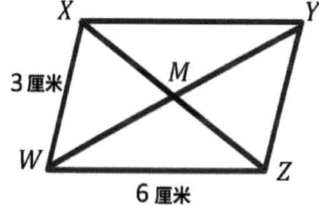

   ∠XYZ = _____°　　　∠YZW = _____°　　　∠ZWX = _____°

3. 杰克测量了第 2 题的一些段。他测量出 $\overline{WY}$ = 8 厘米和 $\overline{MZ}$ = 3 厘米。

   给出以下各段的长度：

   WM = _____ cm　　　MY = _____ cm

   XM = _____ cm　　　XZ = _____ cm

4. 使用各形状的特性，解释为什么所有平行四边形都是梯形。

5. 特蕾莎说因为平行四边形的对角线相互分割，如果一条对角线是 4.2 厘米，另一条对角线必需是这个长度的一半。使用文字和图画来解释特蕾莎的错误。

1. 菱形的定义是什么？画一个例子。

   菱形是一个四边形（有 4 边的形状）并且所有边的长度相等。

   画一个像这样的菱形例子：

   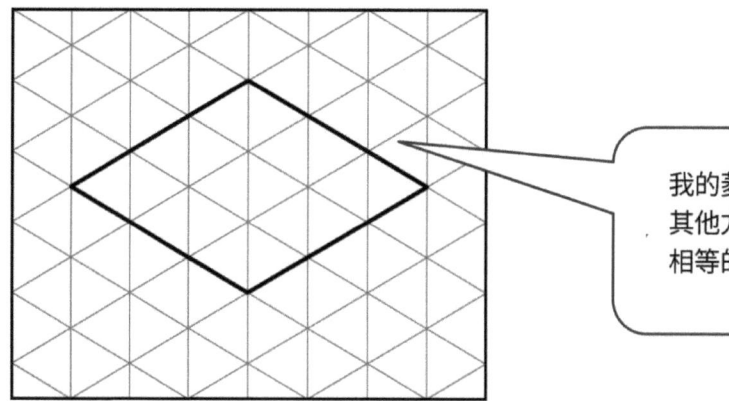

   我的菱形看起来像钻石，但我也可以用其他方式绘制它。只要是四边形且长度相等的四边形，它就是菱形。

2. 矩形的定义是什么？画一个例子。

   矩形是一个有四个直（90 度）角的四边形。

   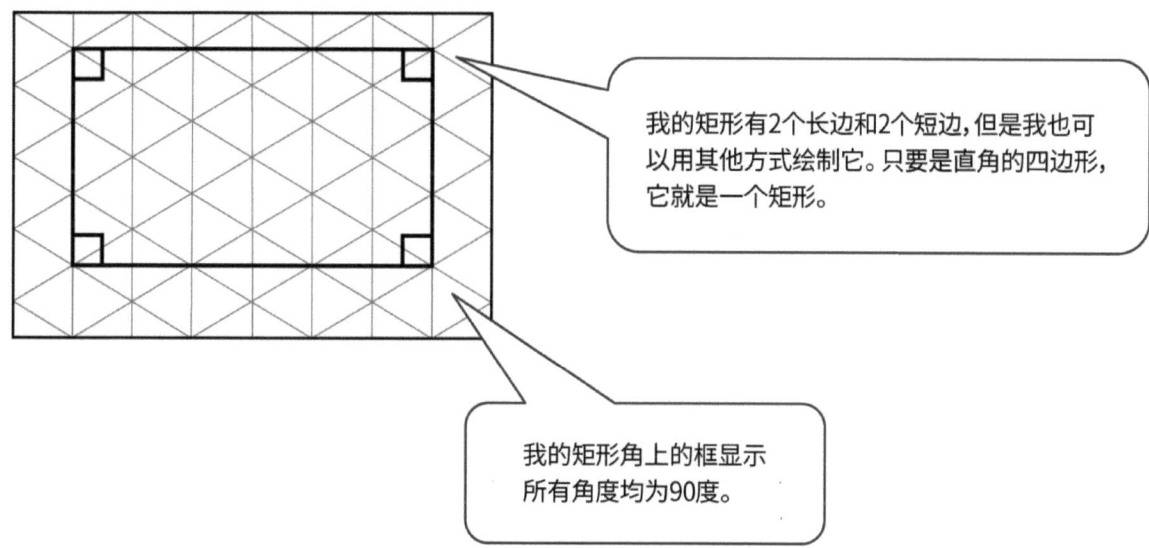

   我的矩形有2个长边和2个短边，但是我也可以用其他方式绘制它。只要是直角的四边形，它就是一个矩形。

   我的矩形角上的框显示所有角度均为90度。

姓名 _____ 日期 _____

1. 使用网格纸来绘画。

   a. 一个没有直角的菱形

   b. 一个有 4 个直角的菱形

   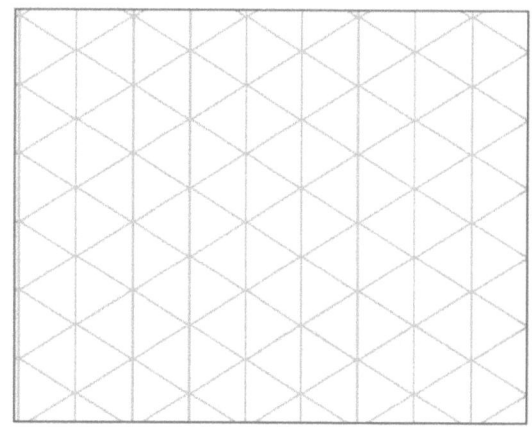

   c. 一个并非所有边都相等的矩形

   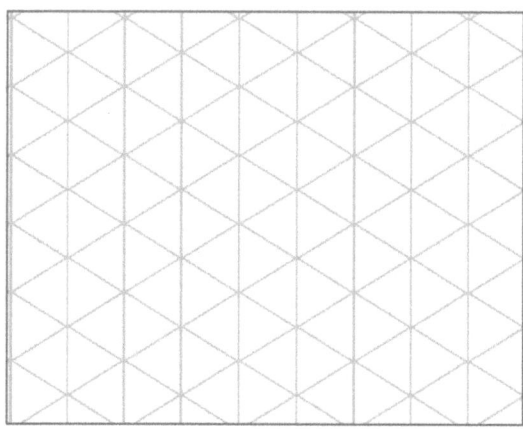

   d. 一个所有边都相等的矩形

2. 某个菱形周长是 217 厘米。这个菱形的每一条边长度是多少？

3. 列出所有菱形的共同特性。

4. 列出所有矩形的共同特性。

1. 正方形的属性是什么？画一个例子。

   正方形的属性是
   - **四边长度相等（与菱形相同）**
   - **四个直角（与矩形相同）**
   - **正方形是一种菱形也是一种矩形！**

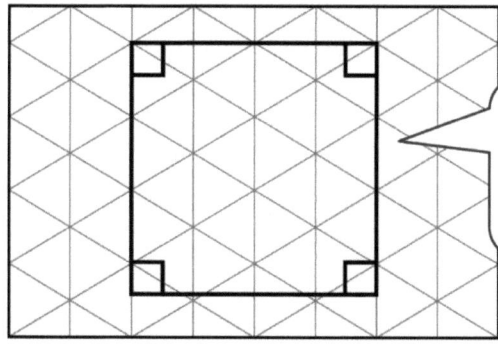

这是一个正方形。
这也是菱形，因为它有4个相等长度的边；它也是一个矩形，因为它有4个直角。

2. 筝形的属性是什么？画一个例子。

   筝形的属性是
   - **一种平行四边形，其 2 条连续（相邻）的边长度相等。**
   - **其他 2 条边的长度也相等。**

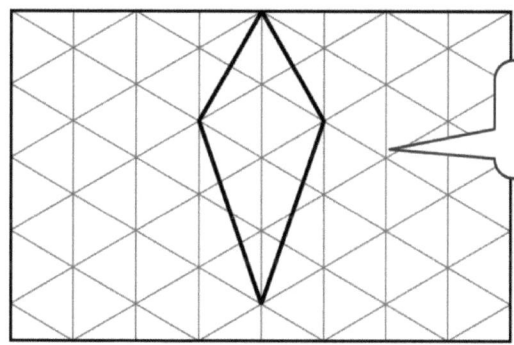

"顶部"的2个边的长度相等，"底部"的2个边的长度相等。

3. 你在第 2 题画的筝形是不是一个平行四边形? 为什么是或者为什么不是?

   不是,我画的筝形不是一个平行四边形。一个平行四边形的两组相反的边必需是平行的。我的筝形没有平行边。只有当筝形是一个正方形或菱形才算是一个平行四边形。

姓名 _____ 日期 _____

1. a. 在网格纸上画一个不是平行四边形的筝形。

   b. 列出筝形的所有特性。

   c. 一个平行四边形在什么情况下也可以是一个筝形?

2. 如果矩形必需有直角,解释为什么一个菱形也可能可以被称为一个矩形。

3. 在网格纸上画一个同时是矩形的菱形。

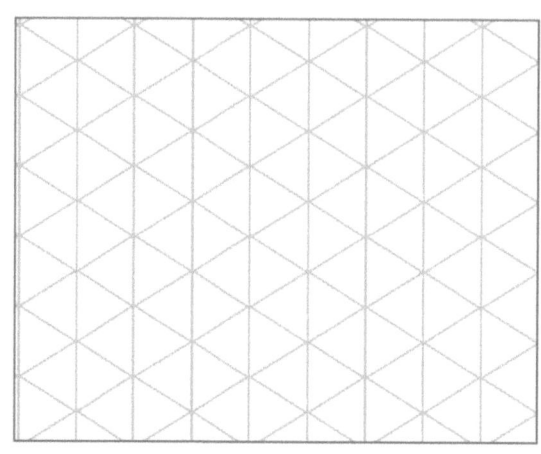

4. 齐克兰说下图 EFGH 是一个平行四边形，因为它在同一个平面上有四点和四段，并且没有三个端点是共线点。解释他的错误。

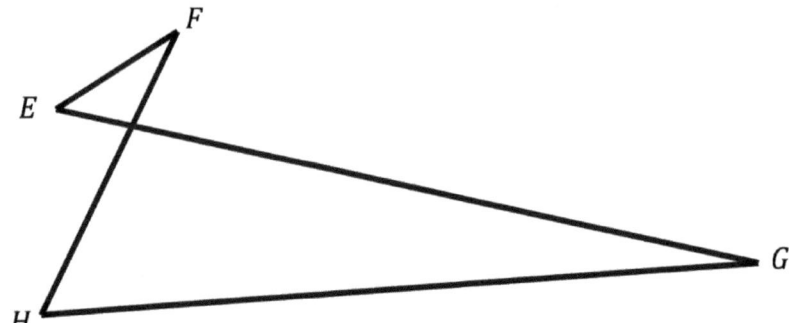

1. 填写以下图表。

形状	定义属性
梯形	• 四边形 • 有至少一对平行的边
平行四边形	• **一种四边形，两对相反的边都是平行的**
矩形	• 一种有 4 个直角的四边形
菱形	• 一种所有边长都是相等的四边形
正方形	• 一种有四个 90° 角的菱形 • 一种有 4 条等边的矩形
筝形	• **有条连续的等边的四边形** • **其余 2 条边是等边**

2. $TUVW$ 是一个面积为 81 厘米²的正方形，而 $UB = 6.36$ 厘米。使用你对正方形特性的认识来求出尺寸。

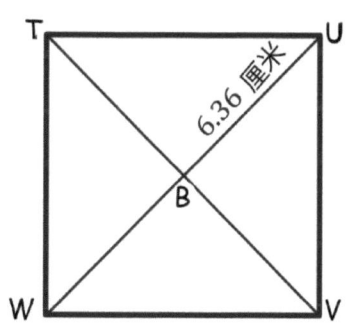

a. UW = __12.72__ 厘米

正方形的对角线一分为二，因此 $\overline{UB}$ 和 $\overline{BW}$ 的长度相等。
$6.36 + 6.36 = 12.72$

b. $TV = UW = 12.72$ 厘米

我知道一个正方形的对角线长度相等。

c. 周长厘米 = __36__

我知道在一个正方形中每边的长度是相等的，所以我需要考虑什么时候它等于81。我知道 9×9 是81，所以每边都是9厘米。由于有4个相等的边，我可以乘以 9×4 来得到周长。

d. $m\angle TUV$ = __90__ °

我知道正方形中的每个角度都必须为90°，因为它是正方形的定义属性

单位的故事

第20课家庭作业 5•5

姓名 _____ 日期 _____

1. 跟从流程图,然后把图形的名称写在空格里。

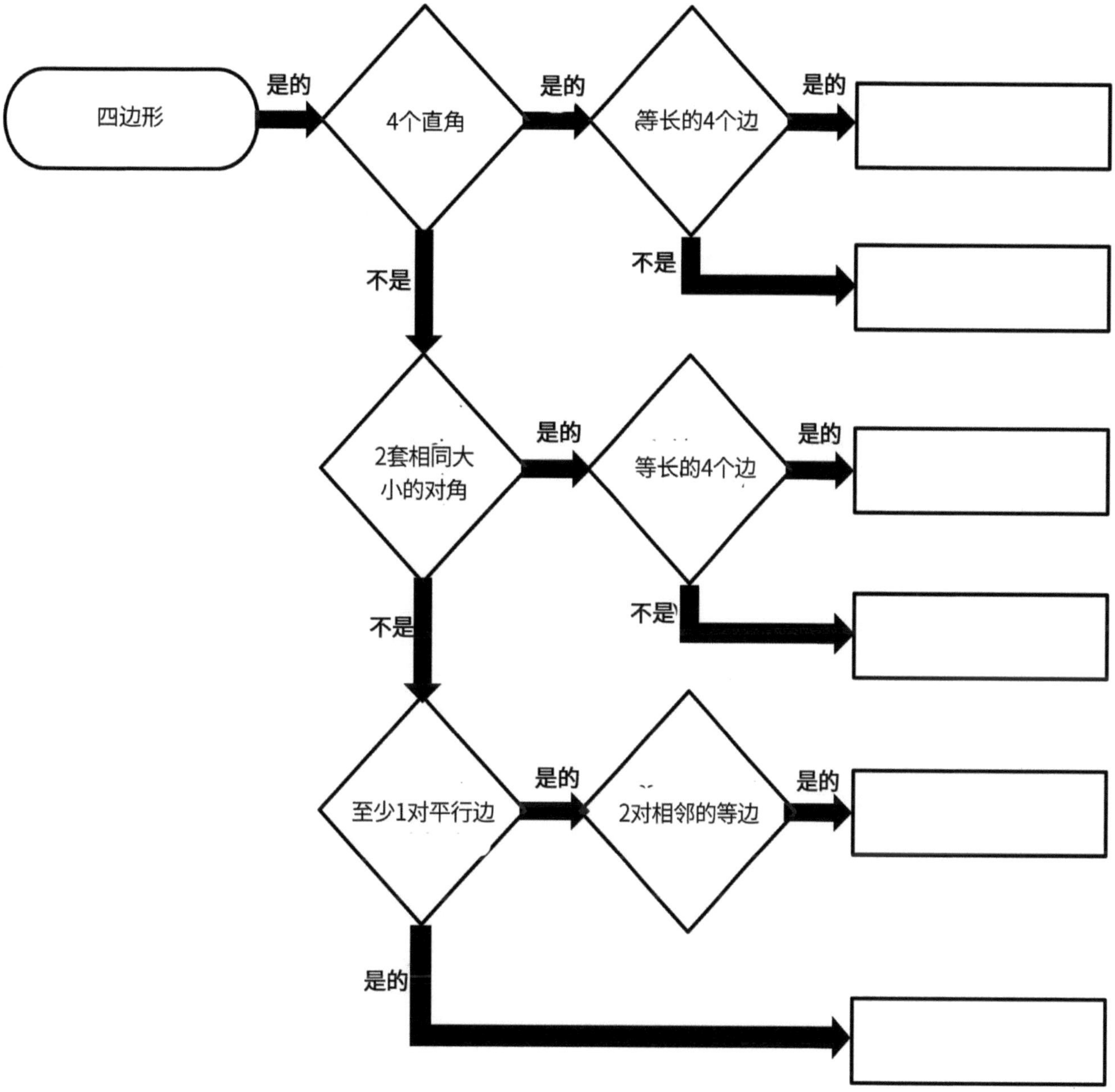

```
四边形 --是的--> 4个直角 --是的--> 等长的4个边 --是的--> [    ]
                                            --不是--> [    ]
                 --不是-->
           2套相同大小的对角 --是的--> 等长的4个边 --是的--> [    ]
                                            --不是--> [    ]
                 --不是-->
           至少1对平行边 --是的--> 2对相邻的等边 --是的--> [    ]
                 --是的--> [    ]
```

第20课: 根据特性阶级分类二维图形。

83

2. SQRE 是一个面积为 49 厘米²的正方形，而 RM = 4.95 厘米。使用你对正方形特性的认识来求出尺寸。

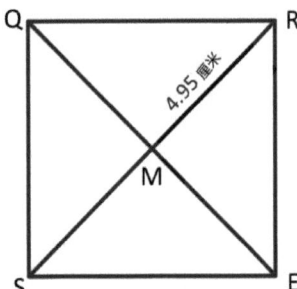

a. RS = _____ cm

b. QE = _____ cm

c. 周长 = _____ 厘米

d. m∠QRE = _____ °

e. m∠RMQ = _____ °

通过在第一个空白中写下"有时候"或"总是"来完成以下每一句,然后写下原因。在右边的空白处草绘每一项陈述的例子。

a. 一个矩形**有时候**是一个正方形,因为**矩形有 4 个直角,而正方形是一种特别的矩形,有 4 条相等的边。**

> 这是一个矩形。它不是正方形,因为所有4个边的长度都不相等。

b. 一个正方形**总是**一个矩形,因为**矩形是有 4 个直角的平行四边形。一个正方形是有 4 条等边的矩形。**

> 这是一个正方形和一个矩形,因为它具有4个直角和4个相等的边。

c. 一个矩形**有时候**是一个筝形,因为**正方形符合筝形和矩形的定义。一个筝形有两对相等的边,这与正方形相同。**

> 这是一个风筝,一个正方形和一个矩形。它具有4个直角和2套长度相等的连续边。

d. 一个矩形**总是**一个平行四边形,因为**它有两对平行的边。**

> 所有矩形也可以称为平行四边形。

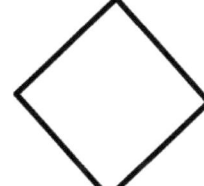

e. 一个正方形**总是**一个梯形,因为**它至少有一对平行的边。**

> 这个正方形以及所有正方形具有2对平行的相对边。所有正方形也可以称为梯形。

f. 一个梯形**有时候**是一个平行四边形,因为**梯形必需有至少一对平行的边,但可以有两对,所以这符合平行四边形的定义。**

> 该图是梯形而不是平行四边形。它只有1对平行的相对边。("顶部"和"底部"是平行的。)

姓名 _____   日期 _____

1. 勾选空格来回答问题。

	有时候	总是
a. 一个正方形是不是一种矩形？		
b. 一个矩形是不是一种筝形？		
c. 一个矩形是不是一种平行四边形？		
d. 一个正方形是不是一种梯形？		
e. 一个平行四边形是不是一种梯形？		
f. 一个梯形是不是一种平行四边形？		
g. 一个筝形是不是一种平行四边形？		

   h. 对于你回答"有时候"的每个陈述，绘画和标签一个例子来支持你的答案。

2. 使用你对于四边形的认识来回答以下所有问题。

   a. 解释一个梯形在什么情况下不是一个平行四边形。草绘一个例子。

   b. 解释一个筝形在什么情况下不是一个平行四边形。草绘一个例子。

5 年级
模块 6

单位的故事　　　　　　　　　　　　　　　　　　　　　　　第1课家庭作业助手　5•6

1. 使用下面的数字线P回答以下问题。

   原点始终为零。

   a. 什么是坐标或距原点的距离 ⬟ ?

   20

   坐标表示从零到数字线上的形状的距离。

   b. 什么是坐标 ▲ ?

   25

   c. 中点之间的坐标是多少（▲、⬟）?

   15

   月亮到五边形的距离是10个单位，因此每种形状的中点将是5个单位。

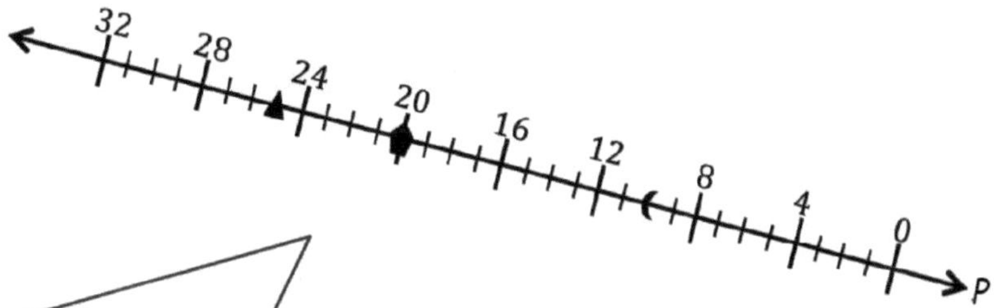

   （数字线：32, 28, 24, 20, 16, 12, 8, 4, 0 → P）

   此数字线从右到左增加。数字线可以向任何方向移动。

2. 使用数字线回答问题。

   a. 绘制P，使其距离原点。 $\frac{2}{10}$

   第一个刻度是0，第二个是0.4。刻度线之间的距离为0.4，或 $\frac{4}{10}$.

   b. 将Q画得比P点离原点十分之十二。

   c. 绘制R，使其距离原点的距离比Q更近1。

   12十分之一多于2十分之一等于14十分之一，即1.4。

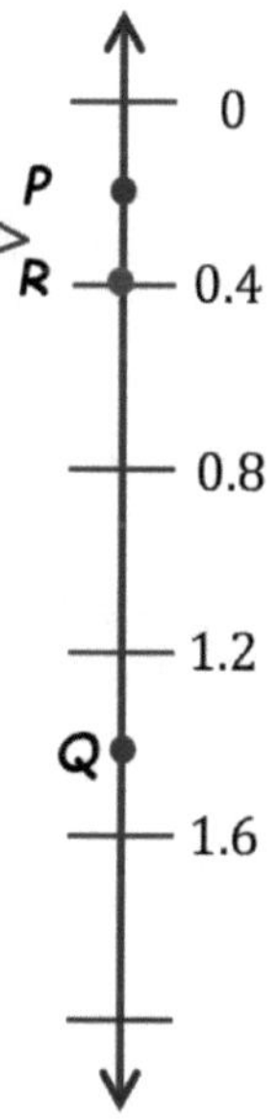

   d. P到R的距离是多少？

   从P到R的距离是0.2。

   我可以认为十分之一。

   （右侧数字线：P 0, R 0.4, 0.8, 1.2, Q, 1.6）

第1课：　在一条线上构建一个坐标系统。　　　　　　　91

3. 数字线 L 显示 18 个单位。使用以下 数字线 L 回答问题。

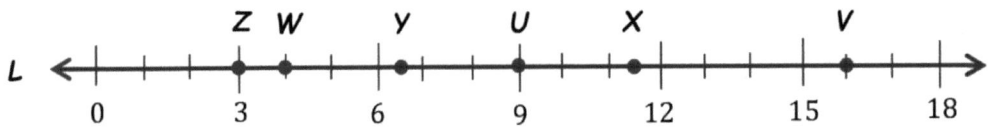

a. 0在3处画一个点。将其标记为Z。

b. 标签点Y在 $6\frac{1}{2}$.

   单位为1, 并由数字线上的勾号表示。

c. 绘制点X, 该点X比点Y距离零距离更远5个单位。

   "更接近原点"意味着我必须沿着该数字线向左移动。

d. 绘制点W, 该点W是比 $\frac{5}{2}$ 点Y更接近原点的单位。W点的坐标是什么？

   W点的坐标为4。

e. 比原点X距离原点4.5单位的点的坐标是什么？将此点标记为V。

   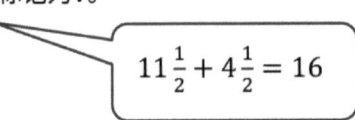

   V点的坐标为16。

f. 在点Y和点X之间的中间标记点U。这一点的坐标是什么？

   点Y和点X之间的坐标为9。

4. 某个海盗在一片空旷的土地上埋藏了宝藏。他写下了一个字条, 说自己把宝藏埋藏在距离那片土地上唯一一棵树15英尺的地方。后来他找不到那个宝藏。他做错了什么？

   他没有说明宝藏埋藏在树的哪一个方向。如果他只说距离那棵树十五英尺, 他就要在树的周围挖一个圆形来寻找宝藏。

单位的故事   第1课家庭作业 5•6

姓名 _____   日期 _____

1. 使用以下数字线

   a. 的坐标或者距离原点有多远 ☺ ？_____

   b. 的坐标是什么 ⚡ ？_____

   c. 的坐标是什么 ♥ ？_____

   d. ⚡ 和 之间的中间点的坐标是什么 ♥ ？_____

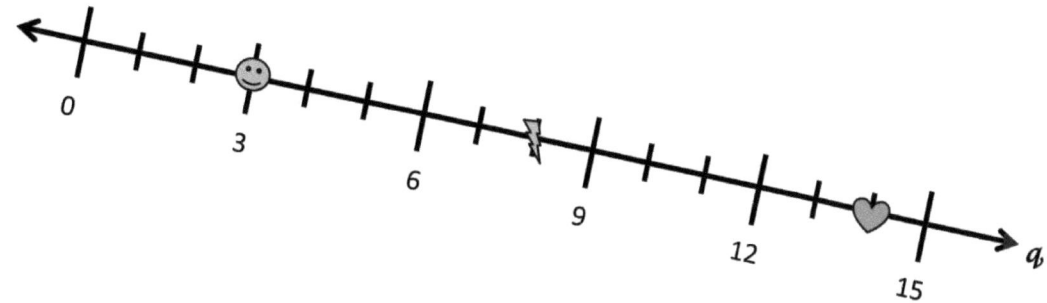

2. 使用数字线回答问题。

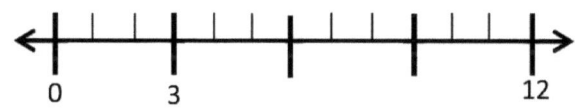

画出 T 点，它与原点之间的距离是 10。

画出 M 点，它与原点之间的 $\frac{11}{4}$ 距离是 10。P 至 M 的距离是多少？

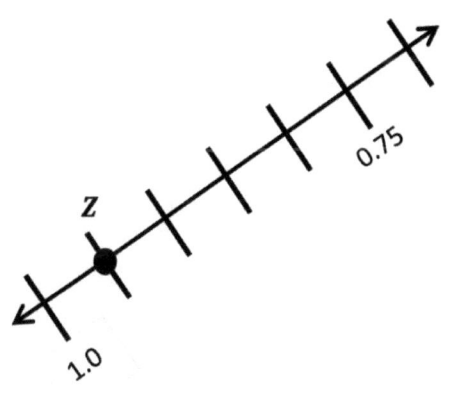

画一个比 Z 更接近原点 0.15 个单位的点。

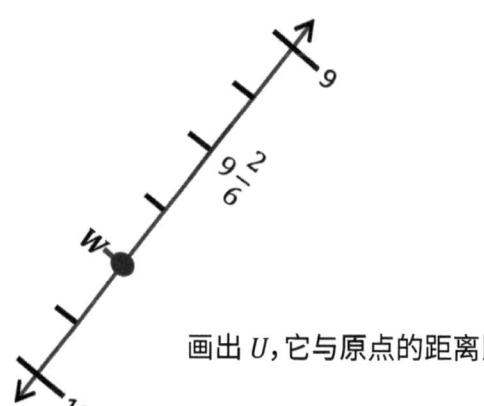

画出 U，它与原点的距离比更接近 $\frac{3}{6}$。

第1课：　在一条线上构建一个坐标系统。

3. 数字线 使用以下数字线

a. 在 1 画一个点。把它标签为

b. $3\frac{1}{2}$ 把位于 的一点标签为

c. 标签一个点, C, 它距离零比

   C 的坐标是 _____。

d. 画一个点, $\frac{6}{2}$

   D 的坐标是 _____。

e. 比 $\frac{17}{2}$

   把这个点标签为

f. 在

   标签这个点为 G。

4. 巴克先生的五年级在学校后面的土地埋藏了一个时间锦囊。它们画了一张地图并标记了锦囊的地点, 标记是 ✖, 让他的班级可以在十年后挖掘出来。巴克先生的班级可以做什么让该锦囊更容易被找到?

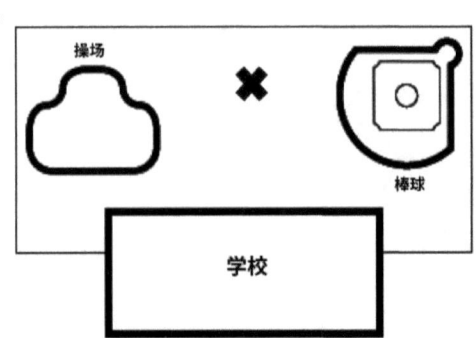

单位的故事   第2课家庭作业助手   5•6

1. 使用一组正方形来绘画一条与 把新的线标签为

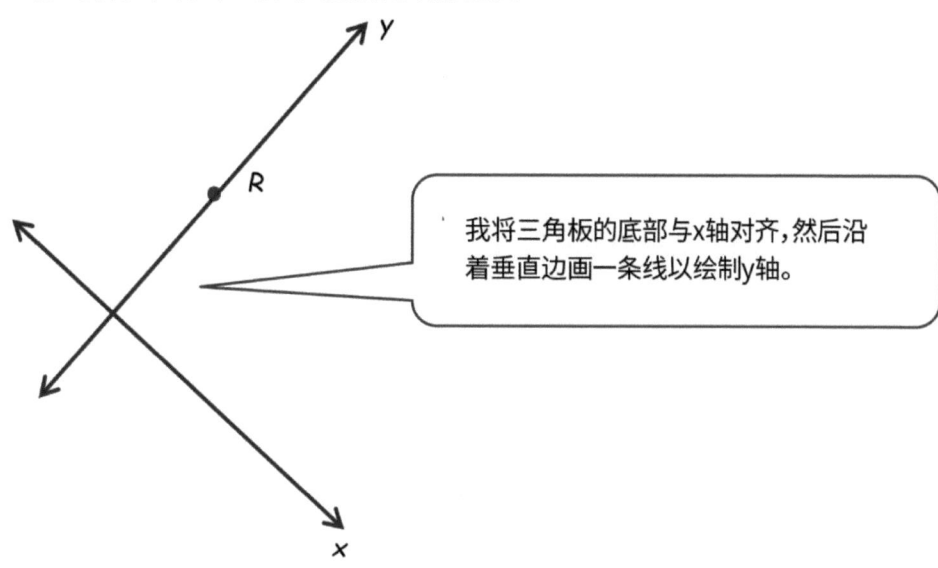

2. 使用以下垂直线来创建一个坐标平面。在每一个轴上标记 6 个单位，并把它们标签为分数。

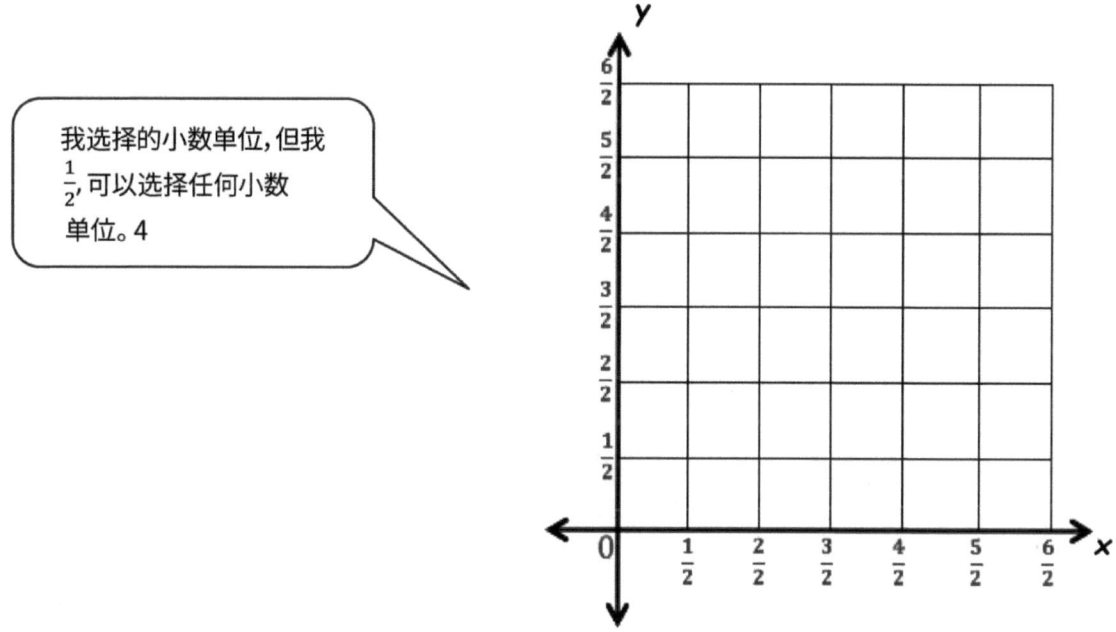

第2课：   在一个平面上构建一个坐标系统。

3. 使用坐标平面回答以下问题。

x坐标	y坐标	形状
$1\frac{1}{2}$	0	圆圈
4.5	1.5	梯形
2	3	旗
3	4	正方形

> $1\frac{1}{2}$ 不是x轴上的数字之一,但我知道它落在1和2之$1\frac{1}{2}$间。

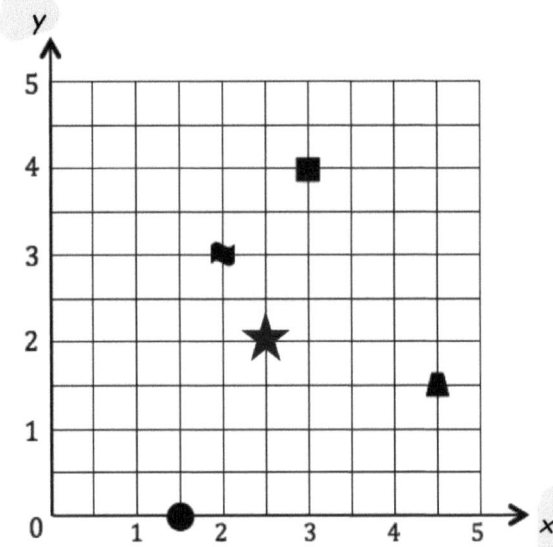

a. 在每个位置命名形状。

b. x轴的3个单位是什么形状?

   标记距离x轴3个单位。

c. 哪个形状的y坐标为3?

   该标志的y坐标为3。

> 问题3(b)和3(c)以不同的方式提出相同的问题。

d. 在 $\left(2\frac{1}{2}, 2\right)$.

> 括号中的数字是坐标对。坐标对用括号括起来,并用逗号分隔两个坐标。首先给出x坐标。

单位的故事

姓名 _____   日期 _____

1.
   a. 使用一组正方形来绘画一条与 把新的线标签为

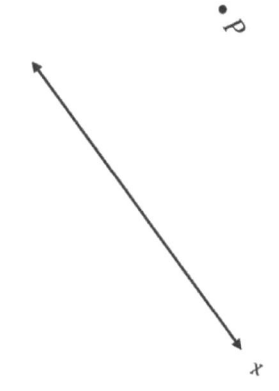
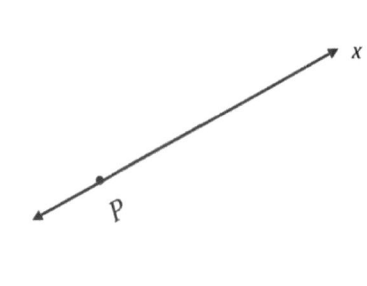

   b. 选择以上其中一组垂直线，并创建一个坐标平面。在每一个轴上标记 5 个单位，并把它们标签为整数。

2. 使用坐标平面回答以下问题。

   a. 指出每一个位置的形状。

x 坐标	y 坐标	形状
2	4	
5	4	
1	5	
5	1	

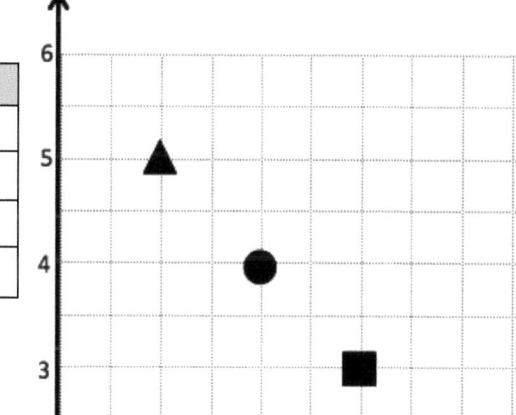

   b. 哪个形状距离 x 轴 2 个单位？

   c. 哪个形状有相同的

3. 使用坐标平面回答以下问题。

   a. 命名每一个形状的坐标。

形状	x 坐标	y 坐标
月亮		
太阳		
心		
云		
笑脸		

   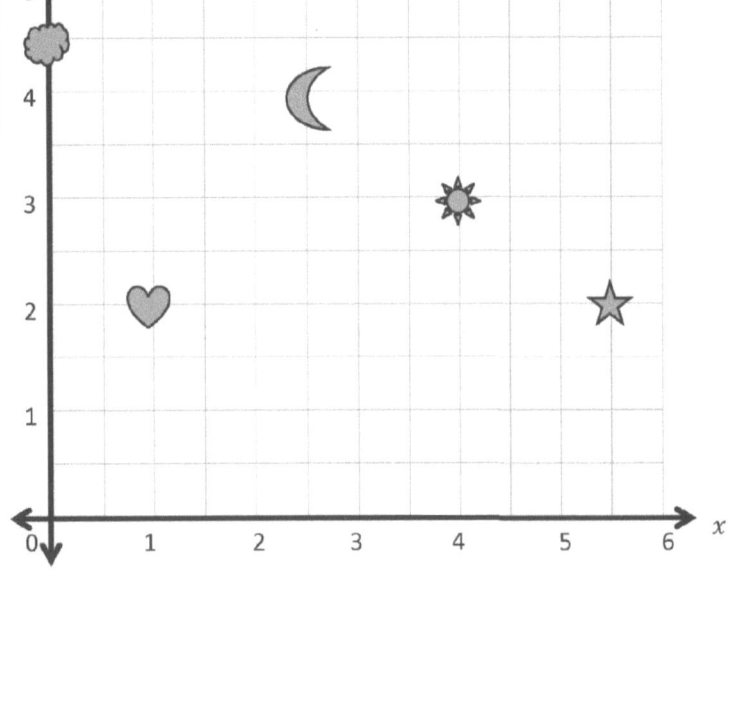

   b. 哪 2 个形状有相同的 y 坐标？

   c. 在 (2,3) 画一个 X。

   d. 在 $(3, 2\frac{1}{2})$ 画一个正方形。

   e. 在 $(6, 3\frac{1}{2})$ 画一个三角形。

4. 帕尔玛先生打算在学校后面 10 码的位置埋藏一个时间锦囊。他还可以做什么使命名时间锦囊地点更正确？

   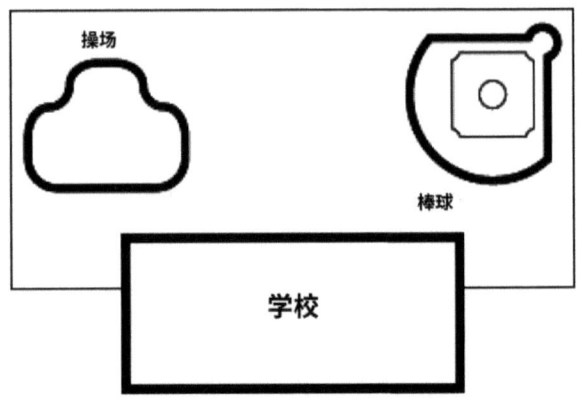

单位的故事 第3课家庭作业助手 5•6

1. 使用以下网格来完成以下任务。

   a. 构造一个穿过点A和B的y轴。标记此轴。
   b. 构造一个与通过点A和M的y轴垂直的x轴。
   c. 标记原点。
   d. W点的x坐标为Label沿x轴的整数$2\frac{3}{4}$.
   e. 沿y轴标记整数。

> y轴是一条垂直线。
> x轴是一条水平线。

> 原点或(0,0)是x和y轴交汇的位置。

> y轴的标记方式必须与x轴相同。在x轴上,网格线之间的距离是y轴可以使用相同的单位$\frac{1}{4}$。

> 我在坐标平面上找到了点W。我可以用手指向下定位以在x轴上找到该点。我回到0,看到网格上的每一行$\frac{1}{4}$都比前一行多。

> 这就是起源。

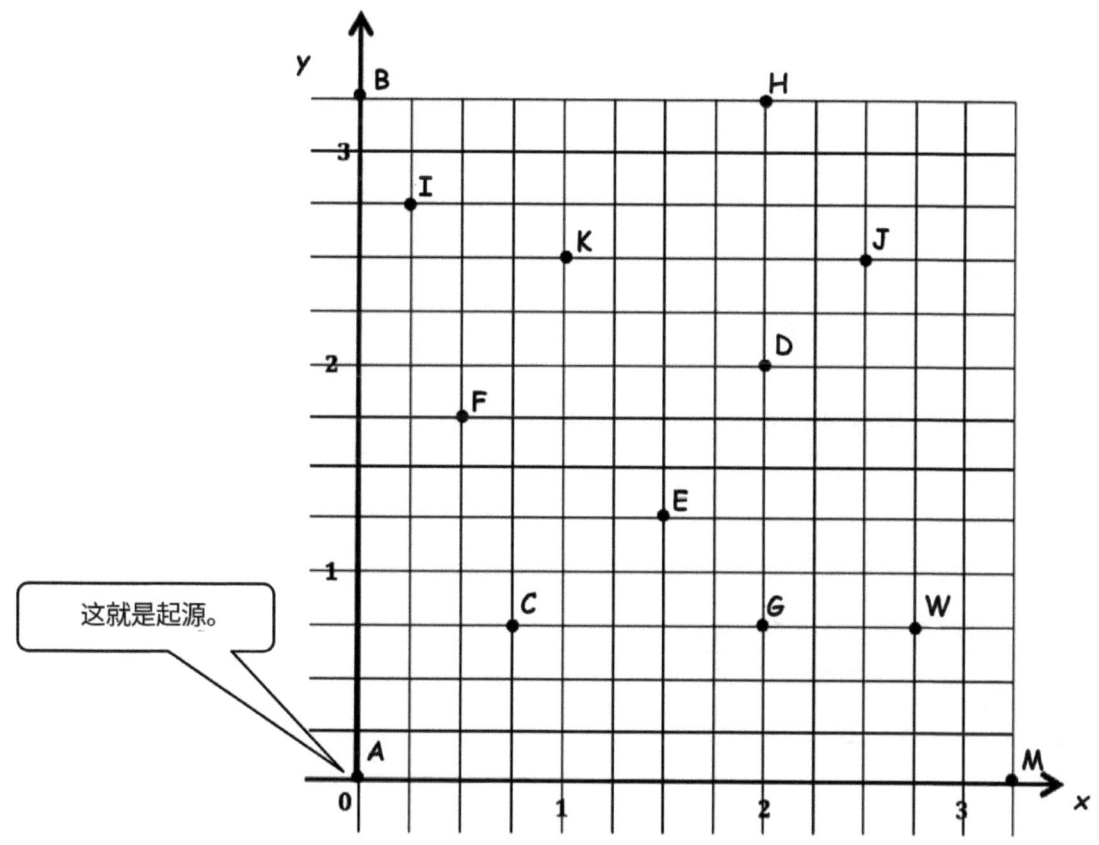

第3课: 使用坐标对来命名点,并使用坐标对来画点。

2. 在以下问题，考虑前一页的所有点。

   a. 确定所有具有y坐标的点 $\frac{3}{4}$。

   C, G和W

   > 我寻找所有从x轴开 $\frac{3}{4}$ 始的点。

   b. 确认

   G, D和H

   > 我正在寻找距离y轴2个单位的点。

   c. $2\frac{1}{2}$ 命名该点，然后写出比

   $K\left(1, 2\frac{1}{2}\right)$

   d. $1\frac{1}{4}$ 哪一个点距离 给出它的坐标。

   $E\left(1\frac{1}{2}, 1\frac{1}{4}\right)$

   e. $\frac{1}{4}$ 哪一个点距离 给出它的坐标。

   $I\left(\frac{1}{4}, 2\frac{3}{4}\right)$

   f. 给出

   $\left(\frac{3}{4}, \frac{3}{4}\right)$

   g. 画一个点，该点的两个坐标均相同。标签 J 点，并给出它的坐标。

   $\left(2\frac{1}{2}, 2\frac{1}{2}\right)$

   > 这个问题有无限正确的答案。我可以命名不在网格线上的坐标。例如，(1.88, 1.88)是正确的。

   h. 命名两个轴相交的点。写出这个点的坐标。

   $A\ (0, 0)$

   > 这一点也称为起点。轴在原点相交。

i. W 和 G 点也就是 WG 之间的距离是多少？

   $\frac{3}{4}$ 单位

> 我计算点之间的单位。每条网格线之间的距离是 $\frac{1}{4}$。

j. $\overline{HG}$ 是大于、小于或等于 CG + KJ？

   HG = $2\frac{1}{2}$ 单位   CG = $1\frac{1}{4}$ 单位   KJ = $1\frac{1}{2}$ 单位   CG + KJ = $2\frac{3}{4}$ 单位   HG < CG + KJ

k. 珍妮丝形容怎样在坐标平面上画点。她说："如果你要画 (1,3)，就要去 1，然后去 3。在这些线相交的地方画一个点。"珍妮丝正确吗？

   珍妮丝不正确。她应该给一个起点和一个方向。她应该说："从原点开始。沿着

第3课：　　使用坐标对来命名点，并使用坐标对来画点。

单位的故事 第3课家庭作业 5•6

姓名 _____ 日期 _____

1. 使用以下网格来完成以下任务。

   a. 构建一个

   b. 构建一个垂直的

   c. 把原点标签为 0。

   d. y-W 的坐标是 $2\frac{3}{5}$。标签 y 轴上的整数。

   e. V 的 x 坐标是 $2\frac{2}{5}$。标签 x 轴上的整数。

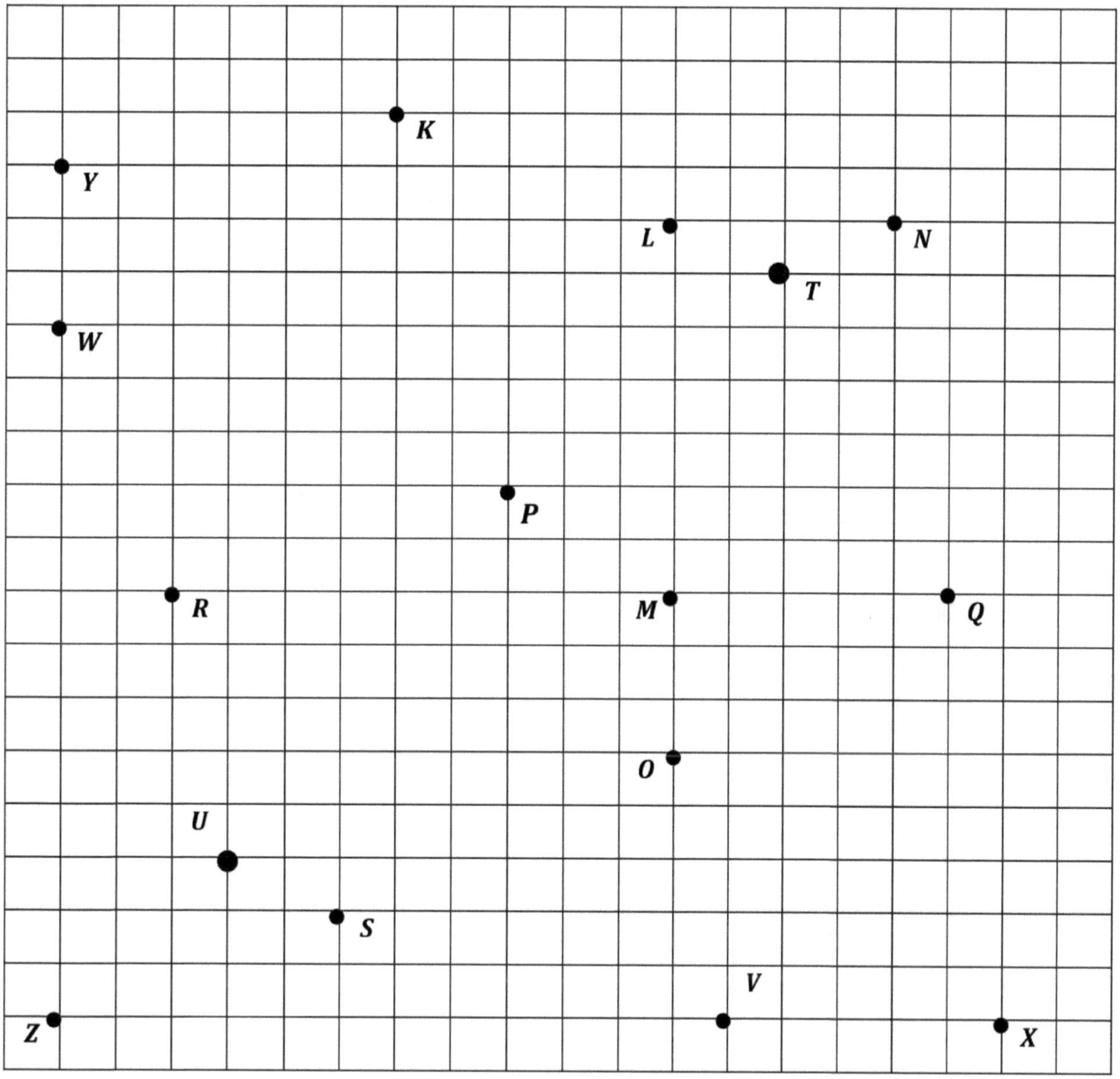

第3课： 使用坐标对来命名点，并使用坐标对来画点。

2. 在所有问题中，考虑前一页的 K 点至 X 点。

   a. 确认 $1\frac{3}{5}$

   b. 确认 x 坐标为 $2\frac{1}{5}$ 的所有点。

   c. $1\frac{3}{5}$ 哪个点的位置是 ___ 个单位高于 $3\frac{1}{5}$ 命名该点，并给出它的坐标对。

   d. $1\frac{1}{5}$ 哪一个点距离

   e. $\frac{2}{5}$ 哪一个点在

   f. 给出以下每个点的坐标对。

      T: _____   U: _____   S: _____   K: _____

   g. 命名位于以下坐标的各点。

      $(\frac{3}{5}, \frac{3}{5})$ _____ $(3\frac{2}{5}, 0)$ _____ $(2\frac{1}{5}, 3)$ _____ $(0, 2\frac{3}{5})$ _____

   h. 画一个 ___ 标签你的点为

   i. 平面上两轴相交的点的名称是什么？_____
      给出这个点的坐标。(____ , ____)

   j. 画出以下各点。

      $A: (1\frac{1}{5}, 1)$ $B: (\frac{1}{5}, 3)$ $C: (2\frac{4}{5}, 2\frac{2}{5})$ $D: (1\frac{1}{5}, 0)$

   k. L 和 N 也就是 LN 之间的距离是多少？

l. MQ之间的距离是多少?

m. RM 是大于、小于或等于 LN + MQ?

n. 莱斯利在向一位新同学解释怎样在坐标平面上画点,但它忽略了一些重要信息。修正她的答案,使它变成完整。

"你只需要看坐标;例如,如果它说 (4, 7),那就数四,然后数七,并在两条网格线相交的地方画一个点。"

单位的故事　　　　　　　　　　　　　　　　　　　　　　第4课家庭作业　5•6

课程笔记

备受欢迎的战舰游戏的规则在本家庭作业助手的结尾。

1. 玩战舰游戏时，当你猜 (3,2) 点时，你的朋友说："打中了！" 你怎样决定接下来应该猜哪一个点？

   我猜 (我会猜这些点之一：(

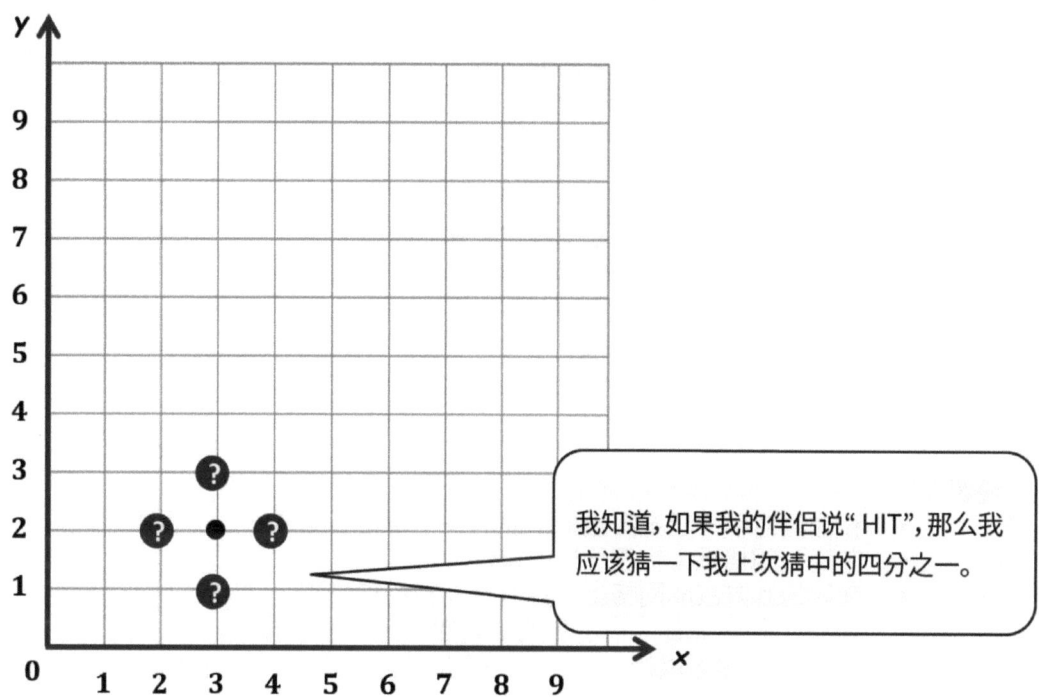

2. 可以怎样修改游戏时它更富挑战性？

   当我在坐标格的轴上逐一数时，游戏就最容易。如果我改变两个轴，在每一条网格线上按照另一个数字例如 7 或 9 来数，游戏就会更富挑战性。如果我在轴上按照分数跳着数，例如 $\frac{1}{2}$ 或 $2\frac{1}{2}$，游戏也会更富挑战性。

第 4 课：　　使用坐标对来命名点，并使用坐标对来画点。

战舰游戏规则

目标:通过正确地猜测对方的战舰坐标来击沉战舰。

材料

- 1 我方战船网格纸(每人/每局游戏)
- 1 敌方战船网格纸(每人/每局游戏)
- 红色蜡笔/马克笔,用来记录击中
- 黑色蜡笔/马克笔,用来记录失误
- 文件夹,放在游戏玩家之间

战船

- 每一位玩家必需在网格上标记 5 艘战船。
  - 航空母舰—画 5 点
  - 战舰—画 4 点
  - 巡洋舰—画 3 点
  - 潜水艇—画 3 点
  - 巡逻艇—画 2 点

设置

- 和你的对手一起选择坐标平面的一个单位长度和一个分数单位。
- 在两张网格纸上标签所选的单位。
- 在你的我方战船网格上选择所有 5 艘船的位置。
  - 所有船都必需水平或垂直地放在坐标平面上。
  - 船只可以相互接触,但它们不可以占用相同的坐标。

玩法

- 玩家轮流向敌方战船发射攻击。
- 轮到你的时候,大声说出你攻击的坐标。记录每一次发射攻击的坐标。
- 你的对手检查他的我方战船网格。如果该对坐标上没有东西,你的对手就说:"打不中。"如果你命名的坐标有一艘船,你的对手就说:"打中了!"
- 在你的敌方战船网格上标记每一次尝试的发射。如果你的对手说:"失误",就在该坐标上标记一个黑色 ✗ y。如果你的对手说:"打中了",就在该标记上标记一个红色 ✓。
- 轮到你的对手的时候,如果他打中你其中一艘船,就在你的我方战船上标记一个红色 ✓。当你其中一艘船的所有坐标都标记了一个 ✓,你就说:"你打沉了我其中一艘 [船的名称]。"

胜利

- 首先打沉敌方所有(或大部分)战船的玩家胜出。

单位的故事　　　　　　　　　　　　　　　　　　　　　　第4课家庭作业　5•6

姓名 _____   日期 _____

你的作业是和一位朋友或家人玩至少一局战船游戏。你可以使用课堂的指示来教导你的对手。你和你的对手应该在纸上记录你们的猜测、打中和失误，正如你在课堂上做的一样。

完成游戏后，回答这些问题。

1. 当你猜一个点并且打中了，你怎样决定接下来要猜哪一个点？

2. 你可以怎样改变坐标平面时游戏更容易或更富挑战性？

3. 你玩这个游戏时，哪个策略最适合你？

第4课：　　　使用坐标对来命名点，并使用坐标对来画点。

单位的故事　　　　　　　　　　　　　　　　　　　　　　　　　第5课家庭作业助手　5•6

1. 使用坐标平面来回答问题。

   a. 使用一把直尺来画一条直线通过 Z 和 Y 点。把这条线标签为 j。

   b. 线j垂直于x轴，并且平行于x轴。

   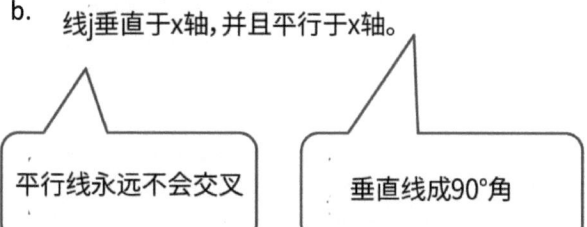

   平行线永远不会交叉　　　垂直线成90°角

   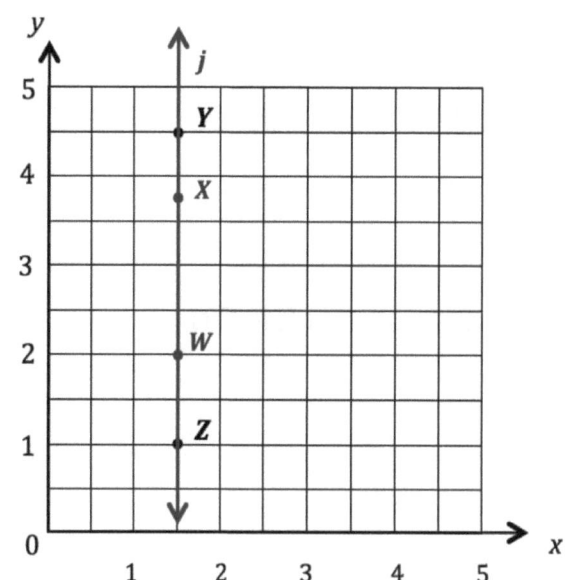

   c. 在线 j 上多画两个点。把这些点命名为 X 和 W。

   d. 给出以下每一个点的坐标。

2.
   a. $W: \left(1\frac{1}{2}, 2\right)$　　$X: \left(1\frac{1}{2}, 3\frac{3}{4}\right)$　　$Y: \left(1\frac{1}{2}, 4\frac{1}{2}\right)$　　$Z: \left(1\frac{1}{2}, 1\right)$

   b. j 线上的点有什么共同点？

   x坐标总是 $1\frac{1}{2}$.　　这条线垂直于x轴并平行于y轴，因为每个坐标对中的x坐标都相同。

   c. 给出 在j 线上的另一点的坐标对，并且

   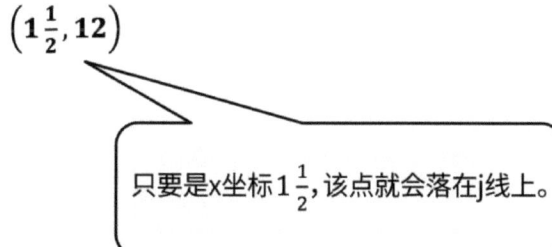

   $\left(1\frac{1}{2}, 12\right)$

   只要是x坐标 $1\frac{1}{2}$，该点就会落在j线上。

第5课：　　调查垂直和水平线的规律，并将平面上的点理解为轴的距离。　　　　111

单位的故事 第5课家庭作业助手 5•6

3. 想一下链接以下连接所有点对的 这条线会不会与 在不画出它们的情况下,解释你如何知道。
    a. $(1.45, 2)$ 和 $(66, 2)$
       因为这些坐标有相同的

    b. $\left(\frac{1}{2}, 19\right)$ 和 $\left(\frac{1}{2}, 82\right)$
       因为这些坐标有相同的

4. 编写三个点的坐标对,这些点可以连接以构成一条线,该线是x轴 $3\frac{1}{8}$ 上方并平行于x轴的单位。

   $\left(7, 3\frac{1}{8}\right)$ $\left(6\frac{1}{8}, 3\frac{1}{8}\right)$ $\left(79, 3\frac{1}{8}\right)$

   > 为了使线成为x轴上方的单位,$3\frac{1}{8}$坐标对的y坐标必须为I。可以使用任何x坐标 $3\frac{1}{8}$。

5. 写出在 x 轴上的 3 点的坐标。

   $(7, 0)$ $(11.1, 0)$ $(100, 0)$

姓名 _____   日期 _____

1. 使用坐标平面来回答问题。

    a. 使用一把直尺来画一条直线通过 A 和 B 点。把这条线标签为 g。

    b. 线 g 与 _____ 轴平行，并且垂直于 _____ 轴。

    c. 在 g 线上多画两个点。把它们命名为 C 和 D。

    d. 给出以下每一个点的坐标。

       A: _____   B: _____

       C: _____   D: _____

    e. 线 g 上的所有点有什么共同点？

    f. 给出在 g 线上的另一点的坐标，并且 x 坐标大于 25。

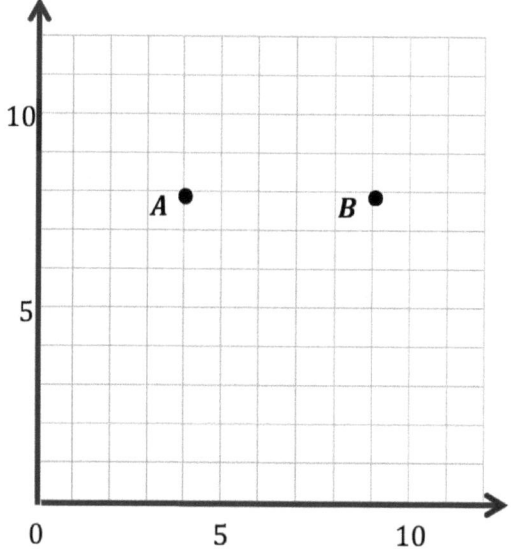

2. 画出以下右边坐标平面的 点。

   $H: (\frac{3}{4}, 3)$ $I: (\frac{3}{4}, 2\frac{1}{4})$

   $J: (\frac{3}{4}, \frac{1}{2})$ $K: (\frac{3}{4}, 1\frac{3}{4})$

   a. 用直尺画一条线以连接这些点。把这条线标签为 f。

   b. 在线 f, $x =$ _____ 而 y 可以是任何值。

   c. 选择正确字词：

   线 f 是 平行于 垂直于 x 轴。

   线 f 是 平行于 垂直于 y 轴。

   d. 坐标对出现了什么规律，让线 f 变成垂直?

3. 想一下链接以下连接所有点对的 哪些坐标是与 x 轴平行的线? 圈出你的答案。在不画出它们的情况下，解释你如何知道。

   a. (3.2, 7) 和 (5, 7)   b. (8, 8.4) 和 (8, 8.8)   c. $(6\frac{1}{2}, 12)$ 和 (6.2, 11)

4. 想一下链接以下连接所有点对的 哪些坐标是与 the y 轴平行的线? 圈出你的答案。然后，给出另外两对在这条线上的坐标对。

   a. (3.2, 8.5) 和 (3.22, 24)   b. $(13\frac{1}{3}, 4\frac{2}{3})$ 和 $(13\frac{1}{3}, 7)$ c. (2.9, 5.4) 和 (7.2, 5.4)

5. 写出 3 点的坐标对，这 3 点连接起来可构建一条线，而这条线在轴右边 $5\frac{1}{2}$ 个单位并且与 y-轴平行。

   a. _____   b. _____   c. _____

6. 写出在 y 轴上的 3 点的坐标。

   a. _____   b. _____   c. _____

7. 莱斯利和帕琦正在玩战舰游戏，两条轴以一半为标签。图表所显示的是帕琦到现在为止的猜测记录。她接下来应该猜什么？你是怎么知道的？请解释使用文字和图画

(5, 5)	失误
(4, 5)	打中
$(3\frac{1}{2}, 5)$	失误
$(4\frac{1}{2}, 5)$	失误

第5课： 调查垂直和水平线的规律，并将平面上的点理解为轴的距离。

单位的故事　　　　　　　　　　　　　　　　　　　　　　　第6课家庭作业助手　5•6

1. 在坐标平面上画出和标签以下各点。

    $K\,(0.7, 0.6)$　　　　$P\,(0.7, 1.1)$　　　　$M\,(0.2, 0.3)$　　　　$H\,(0.9, 0.3)$

   a. 使用直尺来构建线段 $\overline{KP}$ 和 $\overline{MH}$。

   b. 指出垂直于 x 轴和平行于 y 轴的线段。

   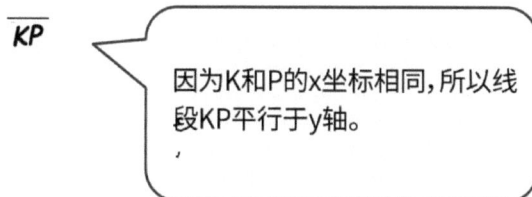

   c. 指出平行于 x 轴和垂直于 y 轴的线段。

   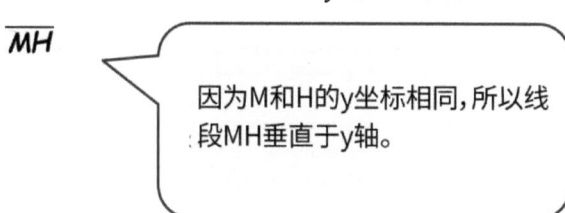

   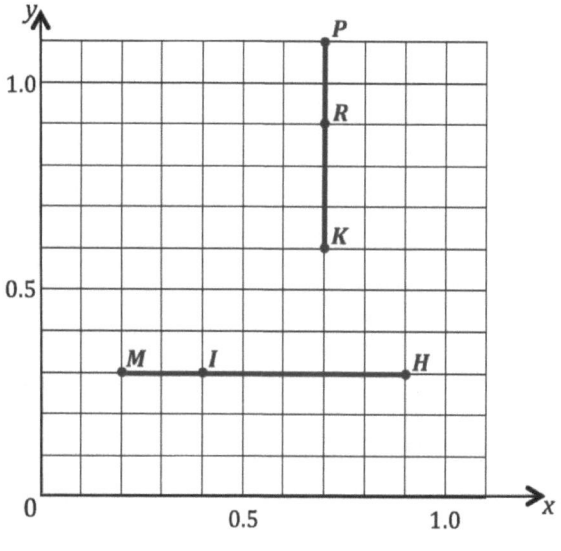

   d. 在 $\overline{KP}$ 上画一个点，并命名为 R。

   e. 在 $\overline{MH}$ 上画一个点，并命名为 I。

   f. 写出 R 和 I 点的坐标。

   $R\,(0.7, 0.9)$　　　　**$I\,(0.4, 0.3)$**

第6课：　　调查垂直和水平线的规律，并将平面上的点理解为轴的距离。

2. 构造线j以使每个点的y坐标为，并构造 $2\frac{1}{4}$，线k以使每个点的x坐标为 $1\frac{3}{4}$。

> 由于所有y坐标都相同，因此线j将是一条水平线。由于所有x坐标都相同，因此线k将为垂直线。

a. 线 $2\frac{1}{4}$

b. 给出

$(1, 2\frac{1}{4})$

> "从y轴开始的1单位"给出x坐标的值

c. 用颜色铅笔涂网格上距离轴小于 $2\frac{1}{4}$ 个单位的部分-。

> 我使用蓝色为第j行下方的网格着色。

d. 线 k 距离轴 $1\frac{3}{4}$ 个单位。

e. 给出 k 线上距离轴 $1\frac{1}{2}$ 个单位的点的坐标。

$(1\frac{3}{4}, 1\frac{1}{2})$

> "$1\frac{1}{2}$ 以x轴为单位"给出y坐标的值。

f. 用另一支彩色铅笔，将网格的小于y轴单 $1\frac{3}{4}$ 位的部分着色

> 我用粉红色遮住k行左侧的网格。现在，在第j行下方和第k行左侧的网格区域显示为紫色。

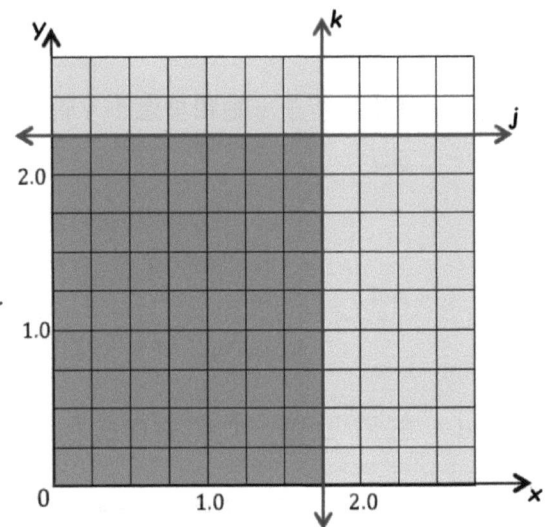

第6课: 调查垂直和水平线的规律，并将平面上的点理解为轴的距离。

姓名 _____ 日期 _____

1. 在坐标平面上画出和标签以下各点。

   C: (0.4, 0.4)   A: (1.1, 0.4)   S: (0.9, 0.5)   T: (0.9, 1.1)

   a. 用直尺来构建线段 $\overline{CA}$ 和 $\overline{ST}$。

   b. 指出垂直于 x 轴和平行于 y 轴的线段。
      _____

   c. 指出平行于 x 轴和垂直于 y 轴的线段。
      _____

   d. 在 $\overline{CA}$ 上画一个点，并命名为 E。在线段 $\overline{ST}$ 上画一个点，并命名为 R。

   e. 写出 E 和 R 点的坐标。

      E (____ , ____)   R (____ , ____)

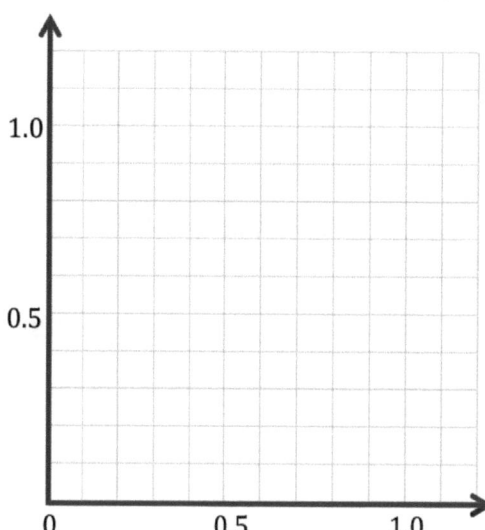

2. 构建线 m，使每一点的 y 坐标是 $1\frac{1}{2}$，然后构建线 n，使每一点的 x 坐标是 $5\frac{1}{2}$。

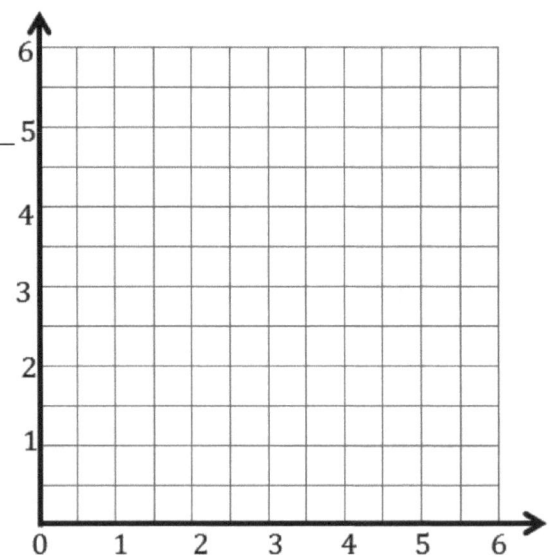

   a. 线 m 距离轴 _____ 个单位。

   b. 给出 m 线上距离轴 2 个单位的点的坐标。 _____

   c. 用一根蓝色铅笔，涂画网格上距离轴小于 $1\frac{1}{2}$ 个单位的部分。

   d. 线 n 距离轴 _____ 个单位。

   e. 给出 n 线上距离轴 $3\frac{1}{2}$ 个单位的点的坐标。

   f. $5\frac{1}{2}$ 使用一根红色铅笔，涂画包括距离

3. 在以下平面上构建和标签线 e、r、s 和 o。

   a. 线 e 在轴上 3.75 个单位。

   b. 线 r 距离轴 2.5 个单位。

   c. 线 s 与线 e 平行，但距离 x 轴更远 0.75。

   d. 线 o 与线 s 和线 e 垂直，并通过点 $(3\frac{1}{4}, 3\frac{1}{4})$。

4. 在平面上完成以下任务。

   a. 使用一根蓝色铅笔，涂画包括距离轴大于 $2\frac{1}{2}$ 个单位和小于 $3\frac{1}{4}$ 个单位的点的部分。

   b. 使用一根红色铅笔，涂画包括距离轴大于 $3\frac{3}{4}$ 个单位和小于 $4\frac{1}{2}$ 个单位的点的部分。

   c. 画一个在双重涂色部分的点，并标签它的坐标。

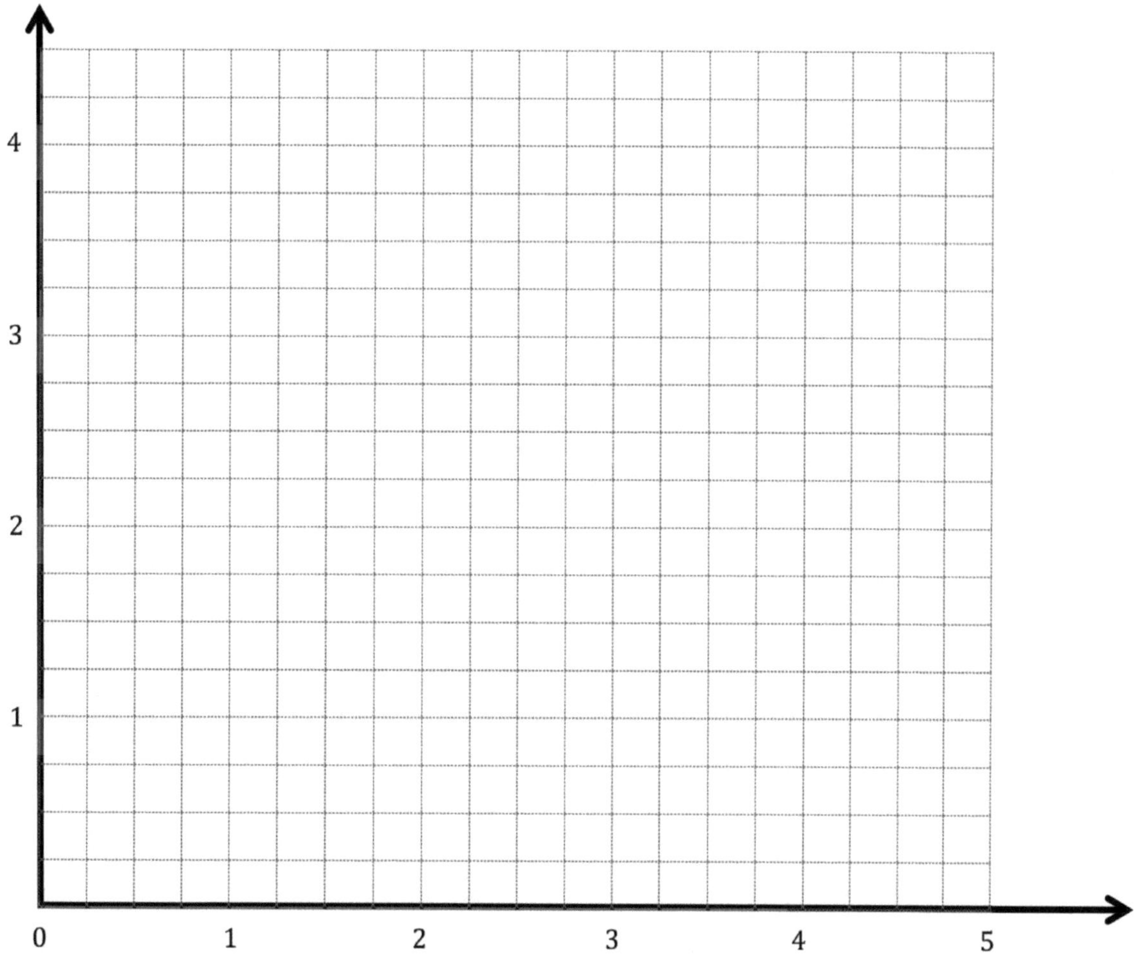

1. 完成图表。然后，在坐标平面上画点。

x	y	(x, y)
3	$1\frac{1}{2}$	$\left(3, 1\frac{1}{2}\right)$
$1\frac{1}{2}$	0	$\left(1\frac{1}{2}, 0\right)$
2	$\frac{1}{2}$	$\left(2, \frac{1}{2}\right)$
$4\frac{1}{2}$	3	$\left(4\frac{1}{2}, 3\right)$

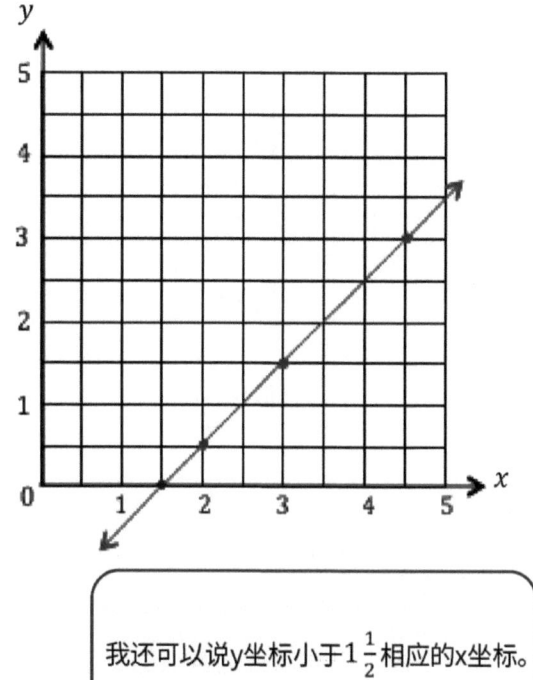

我还可以说y坐标小于$1\frac{1}{2}$相应的x坐标。

a. 用直尺画一条线以连接这些点。

b. 写一个规则来显示这条线上各点的 x 坐标和 y 坐标之间的关系。

每个x坐标都大于其对 $1\frac{1}{2}$ 应的y坐标。

c. 指出这条线上其他两点的坐标。

$\left(2\frac{1}{2}, 1\right)$ 和 $\left(5, 3\frac{1}{2}\right)$

只要x坐标$1\frac{1}{2}$大于y坐标，该点就会落在这条线上。

2. 完成图表。然后,在坐标平面上画点。

x	y	(x, y)
$\frac{3}{4}$	3	$\left(\frac{3}{4}, 3\right)$
1	4	$(1, 4)$
$\frac{1}{2}$	2	$\left(\frac{1}{2}, 2\right)$
0	0	$(0, 0)$

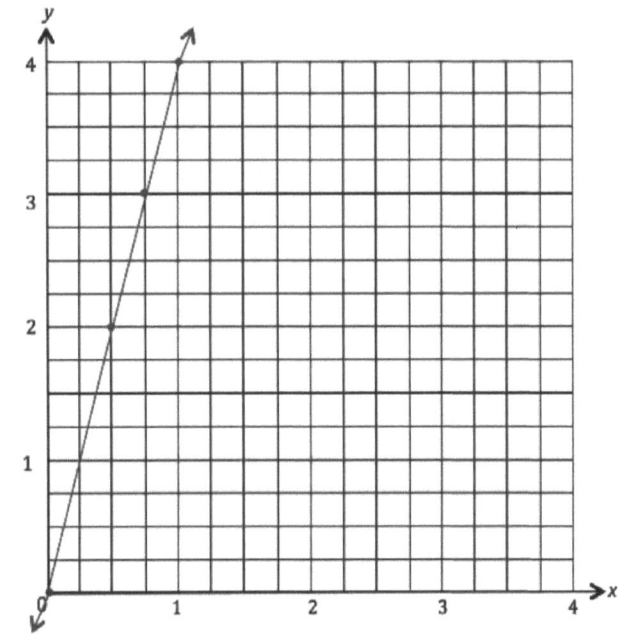

a. 用直尺画一条线以连接这些点。

b. 写一个规则来显示线上各点的 x 坐标和 y 坐标之间的关系。

每个y坐标是其相应x坐标的四倍。

c. 指出这条线上其他两点。

$(2, 8)$ 和 $\left(\frac{5}{8}, 2\frac{1}{2}\right)$

> 该规则也是正确的:每个x坐标为其对应的y坐标的四分之一。

单位的故事 第7课家庭作业助手 5•6

3. 使用坐标平面来回答以下问题。

   a. 对于r线上的任何点，x坐标为 __18__。

   > x坐标表示距y轴的距离。

   b. 给出线 s 上 3 点的坐标。

   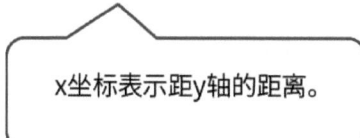

   (4, 8)　(10, 14)　(20, 24)

   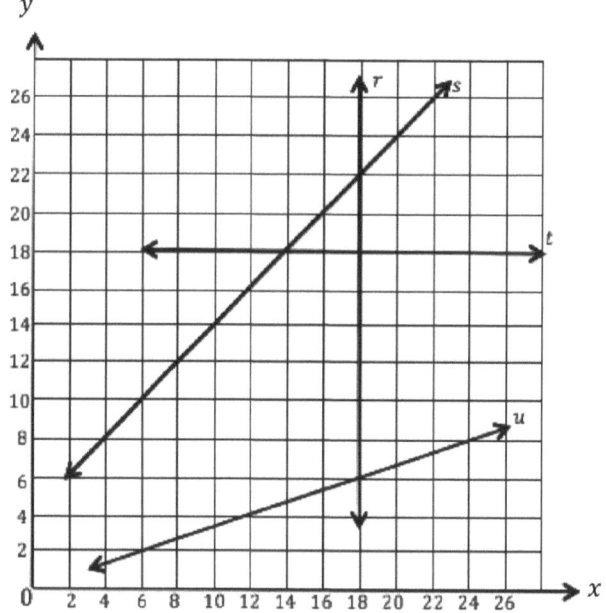

   c. 写一个规则来描述 s 线上各点的 x 坐标和 y 坐标之间的关系。

   每个y坐标比其相应的x坐标大4。

   > 我也可以说："每个x坐标比y坐标小4"。

   d. 给出上 3 点的坐标。

   (6, 2)　(12, 4)　(24, 8)

   e. 写一个规则来描述线上各点的 x 坐标和 y 坐标之间的关系。

   每个x坐标是y坐标的3倍。

   > 我也可以说："每个y坐标是 $\frac{1}{3}$ the value of the x-coordinate."

   f. 在以上所示的平面中，每一个点都在至少 1 条线上面。确认包括以下各点的一条线。

   (18, 16.3) __r__　　(9.5, 13.5) __s__　　$\left(16, 5\frac{1}{3}\right)$ __u__　　(22.3, 18) __t__

   > 线r上的所有点的x坐标均为18。

   > t线上的所有点的y坐标均为18。

第7课： 画点，使用它们在平面上画线，并描述坐标对之间的规律。

单位的故事　　　　　　　　　　　　　　　　　　　　第7课家庭作业　5•6

姓名 _____　　　日期 _____

1. 完成图表。然后，在坐标平面上画点。

x	y	(x, y)
2	0	
$3\frac{1}{2}$	$1\frac{1}{2}$	
$4\frac{1}{2}$	$2\frac{1}{2}$	
6	4	

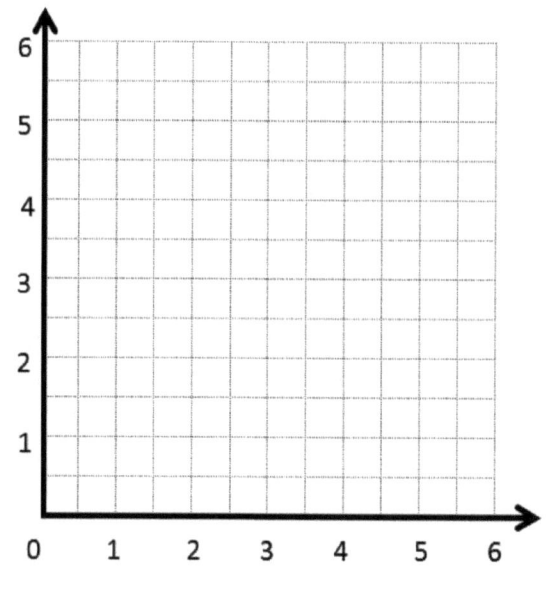

a. 用直尺画一条线以连接这些点。

b. 写一个规则来显示这条线上各点的坐标和坐标之间的关系。

c. 说出这条线上其他两点。

2. 完成图表。然后，在坐标平面上画点。

x	y	(x, y)
0	0	
$\frac{1}{4}$	$\frac{3}{4}$	
$\frac{1}{2}$	$1\frac{1}{2}$	
1	3	

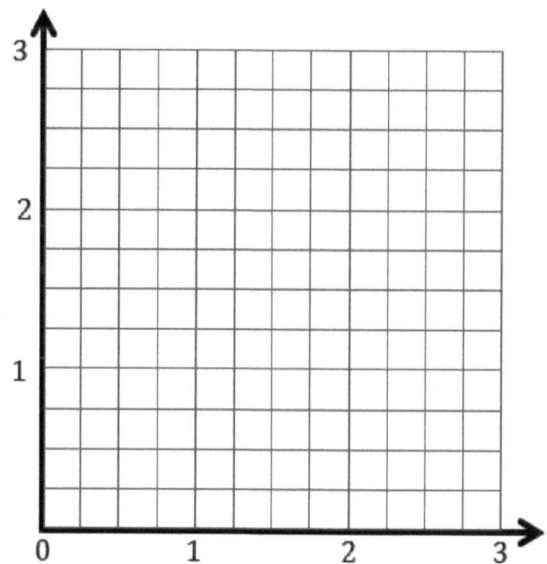

a. 用直尺画一条线以连接这些点。

b. 写一个规则来显示线上各点的坐标和坐标之间的关系。

c. 说出这条线上其他两点。_____

第7课：　　画点，使用它们在平面上画线，并描述坐标对之间的规律。

3. 使用坐标平面来回答以下问题。

   a. 线 m 上任何一点的 x 坐标都是 _____.

   b. 给出线 n 上 3 点的坐标。

   c. 写一个规则来描述 n 线上各点的 x 坐标和 y 坐标之间的关系。

   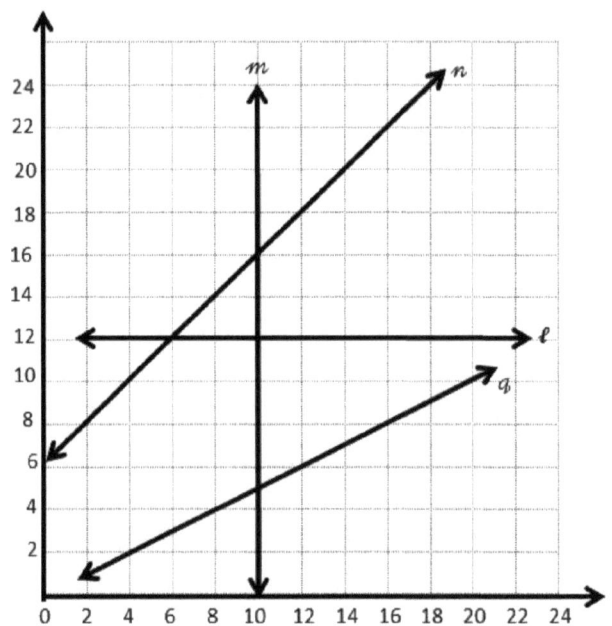

   d. 给出线 q 上 3 点的坐标。

   e. 写一个规则来描述 q 线上各点的 x 坐标和 y 坐标之间的关系。

   f. 确定所有这些点所在的一条线。

   i. (10, 3.2) _____   ii. (12.4, 18.4) _____

   iii. (6.45, 12) _____   iv. (14, 7) _____

完成此图表，使每个 y 坐标比相应的坐标多 5。

x	y	(x, y)
2	7	(2, 7)
4	9	(4, 9)
6	11	(6, 11)

> 我选择满足规则并适合于坐标平面的坐标对。

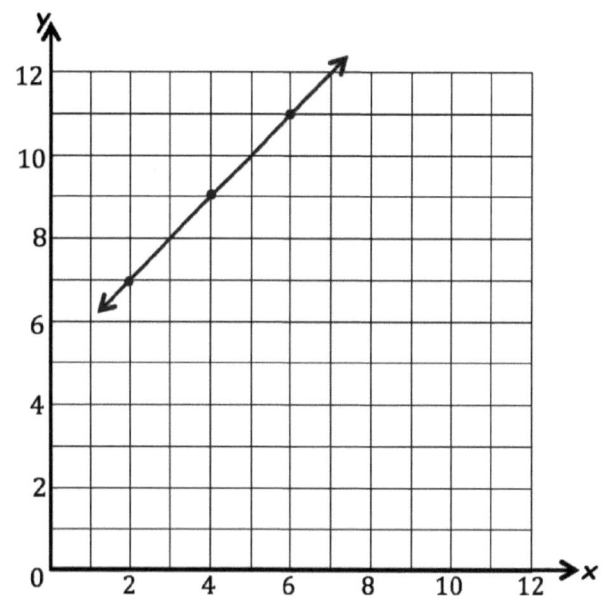

a. 在坐标平面上画出每个点。

b. 用直尺画一条线以连接这些点。

c. 给出在这条线上的其他 3 点的坐标，并且 x 坐标大于 15。

$(17, 22)$ $\left(20\frac{1}{2}, 25\frac{1}{2}\right)$ $(100, 105)$

> 尽管我在飞机上看不到这些点，但我知道它们会在直线上消失，因为每个 y 坐标比 x 坐标大 5。

姓名 _____ 日期 _____

1. 完成此图表，使每个 y 坐标比相应的 x 坐标多 4。

x	y	(x, y)

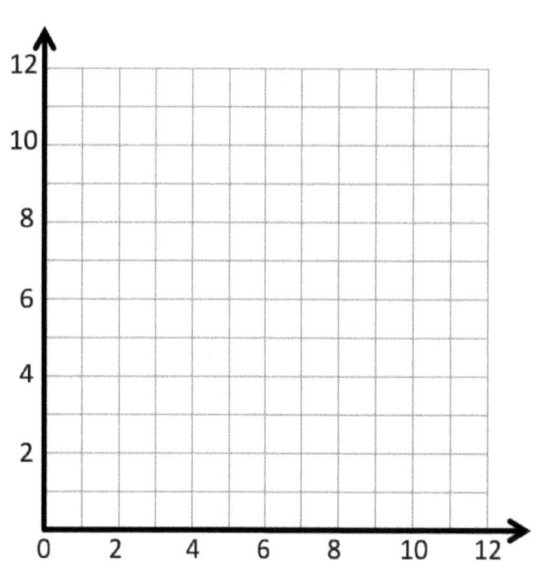

a. 在坐标平面上画出每个点。

b. 用直尺画一条线以连接这些点。

c. 给出在这条线上的其他 2 点的坐标，并且坐标大于 18。

(_____ , _____) 和 (_____ , _____)

2. 完成此图表，使每个 y 坐标是相应的 x 坐标的 2 倍。

x	y	(x, y)

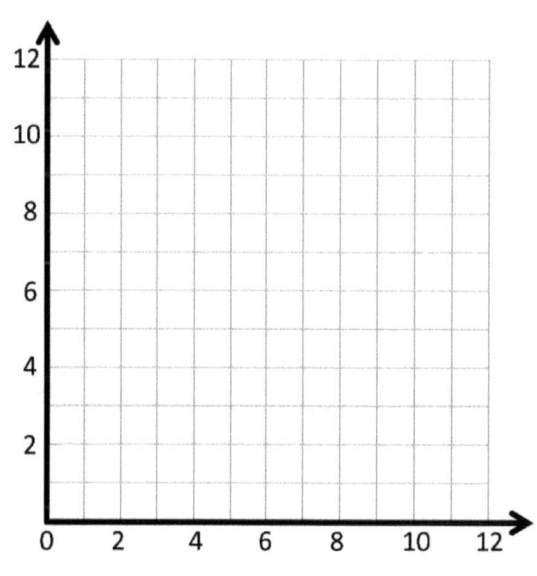

a. 在坐标平面上画出每个点。

b. 用直尺画一条线以连接这些点。

c. 给出在这条线上的其他 2 点的坐标，并且 y 坐标大于 25。

(_____ , _____) 和 (_____ , _____)

3. 使用以下坐标平面来完成以下任务。

   a. 在平面上绘制这些线。

   线 ℓ：等于

	x	y	(x, y)
A			
B			
C			

   线 m：y 比 x 小 1

	x	y	(x, y)
G			
H			
I			

   线 n：y 比 x 的两倍小 1

	x	y	(x, y)
S			
T			
U			

   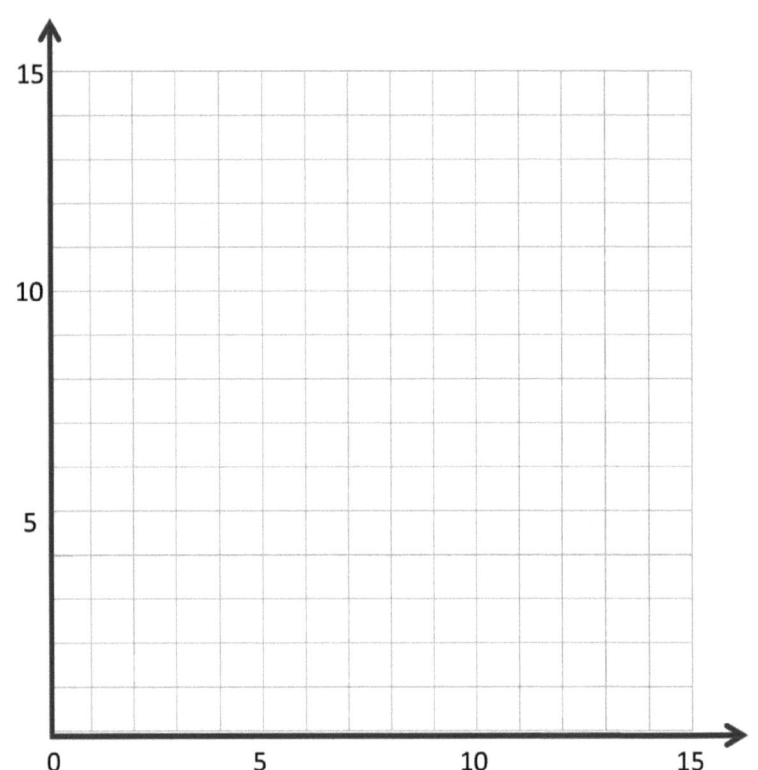

   b. 有没有任何线是相交的？如果有，指出哪些线相交，并给出它们的相交点的坐标。

   c. 有没有任何线是平行的？如果有，指出哪些线是平行的。

   d. 给出另一条线的规则，而这条线与你在问题 3(c) 所列出的线平行。

单位的故事

1. 根据给定规则完成图表。

线A

规则：y比x小2。

x	y	(x, y)
2	**0**	**(2, 0)**
5	**3**	**(5, 3)**
10	**8**	**(10, 8)**
17	**15**	**(17, 15)**

B线

规则：y比x小4。

x	y	(x, y)
5	**1**	**(5, 1)**
8	**4**	**(8, 4)**
14	**10**	**(14, 10)**
20	**16**	**(20, 16)**

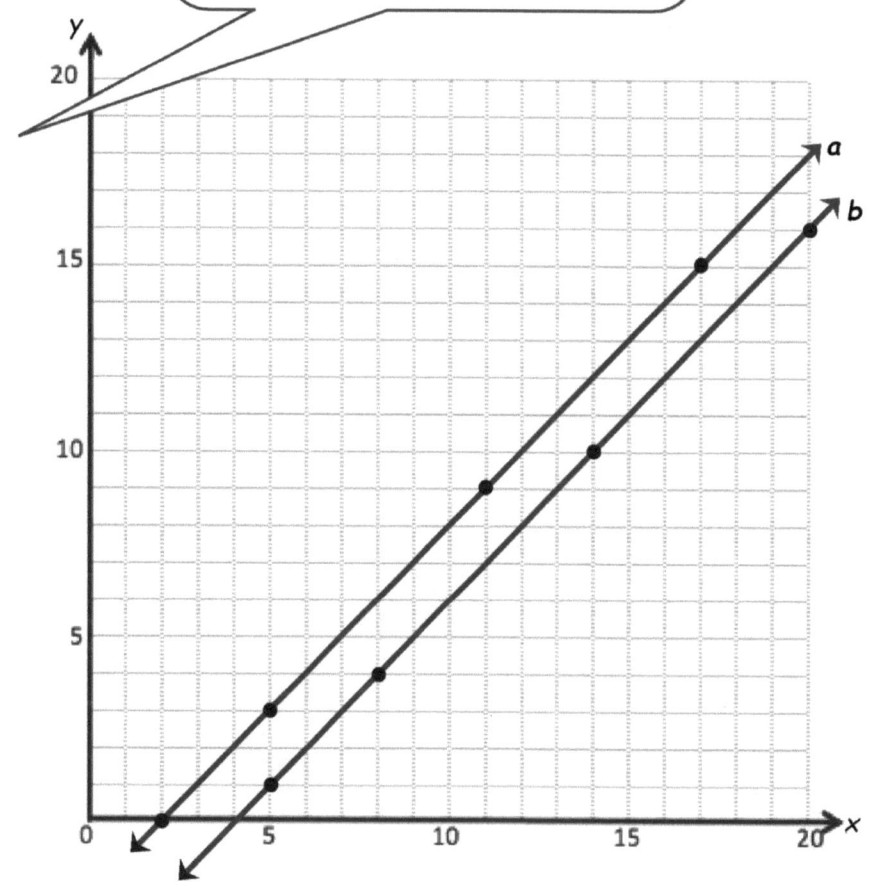

为了找到y坐标，我只是遵循以下规则："y比x小2。"因此，当x为5时，我发现2小于5。因此，当x为5时，y为3。

a. 在坐标平面上构建每一条线。

b. 比较和对比这些线。

这些线是平行的。没有一条线通过原点。线 b 看起来比较接近 x 轴，或比较在下面和右边。线 a 比较接近 y 轴，并且比较在上面和坐标。

c. 根据你看到的规律，预测线 c 的样子，它的规则是 y 比 x 小 6。

因为线 c 的规则也是一个减法规则，我认为它也会平行于线 a 和 b。但是，因为规则是 "y 比 x 小 6，我认为它会比线 b 更右边。

第9课：　根据给定的规则来生成两个数字规律，画出各点，并分析规律。

2. 根据给定规则完成图表。

E线

规则：y是x的2倍。

x	y	(x, y)
0	0	(0, 0)
1	2	(1, 2)
4	8	(4, 8)
9	18	(9, 18)

f行

规则：y是x的一半。

x	y	(x, y)
0	0	(0, 0)
6	3	(6, 3)
12	6	(12, 6)
18	9	(18, 9)

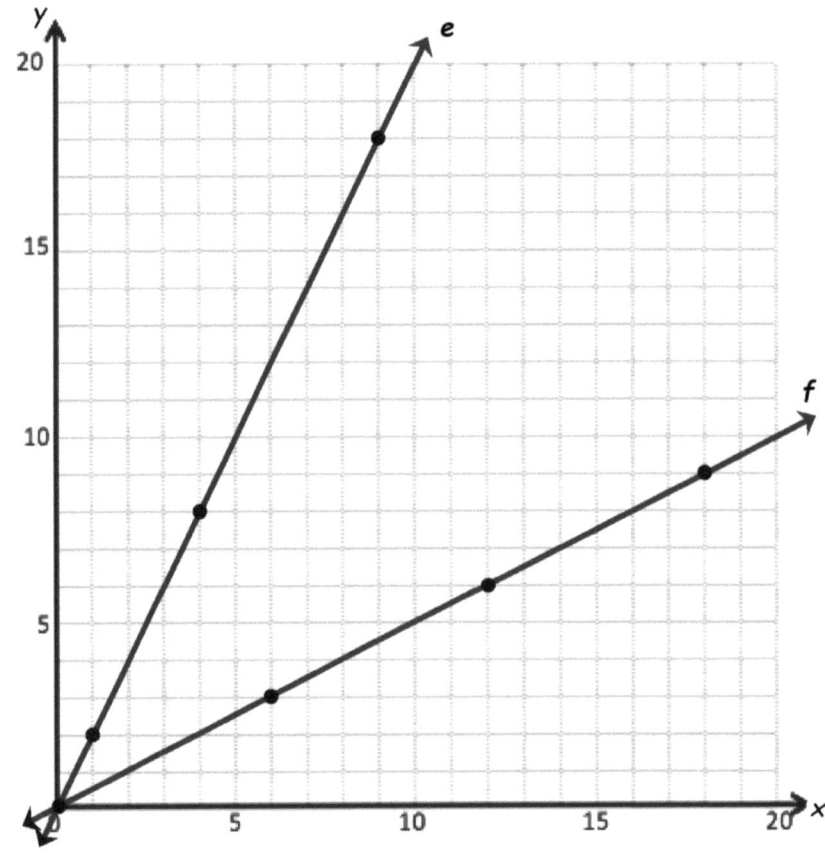

为了找到y坐标，我只遵循规则："y是x的2倍。"因此，当x为4时，我发现该数字是4的2倍：因此，当x为4时，y为8。

a. 在坐标平面上构建每一条线。

b. 比较和对比这些线。

两条线都通过原点，而它们不平行。线 e 的斜度比线 f 大。

c. 根据你所看到的规律，预测线 g 的样子，它的规则是 y 是 x 的 3 倍；也预测线的样子，它的规则是 y 是 x 的三分之一。

因为线 g 的规则也是一个操纵规则，我认为它也会通过原点。但是，因为规则是"y 是 x 的 3 倍,"我认为它的斜度会比线 e 和 f 的斜度更大。

姓名 _____   日期 _____

1. 根据给定规则完成图表。

线 a

规则：y 比 x 小 1

x	y	(x, y)
1		
4		
9		
16		

线 b

规则：y 比 x 小 5

x	y	(x, y)
5		
8		
14		
20		

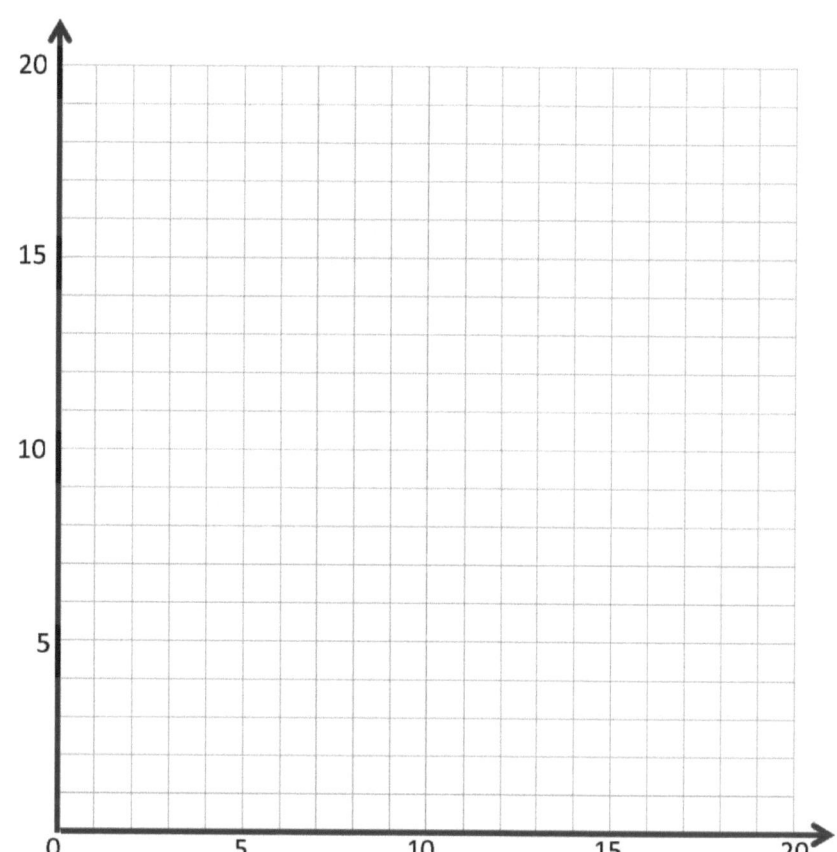

a. 在坐标平面上构建每一条线。

b. 比较和对比这些线。

c. 根据你看到的规律，预测线 c 的样子，它的规则是 y 比 x 小 7。在上面的平面上画出你的预测。

2. 根据给定规则完成图表。

线 e

规则：y 是 x 的 3 倍

x	y	(x, y)
0		
1		
4		
6		

线 f

规则：y 是 x 的 三分之一

x	y	(x, y)
0		
3		
9		
15		

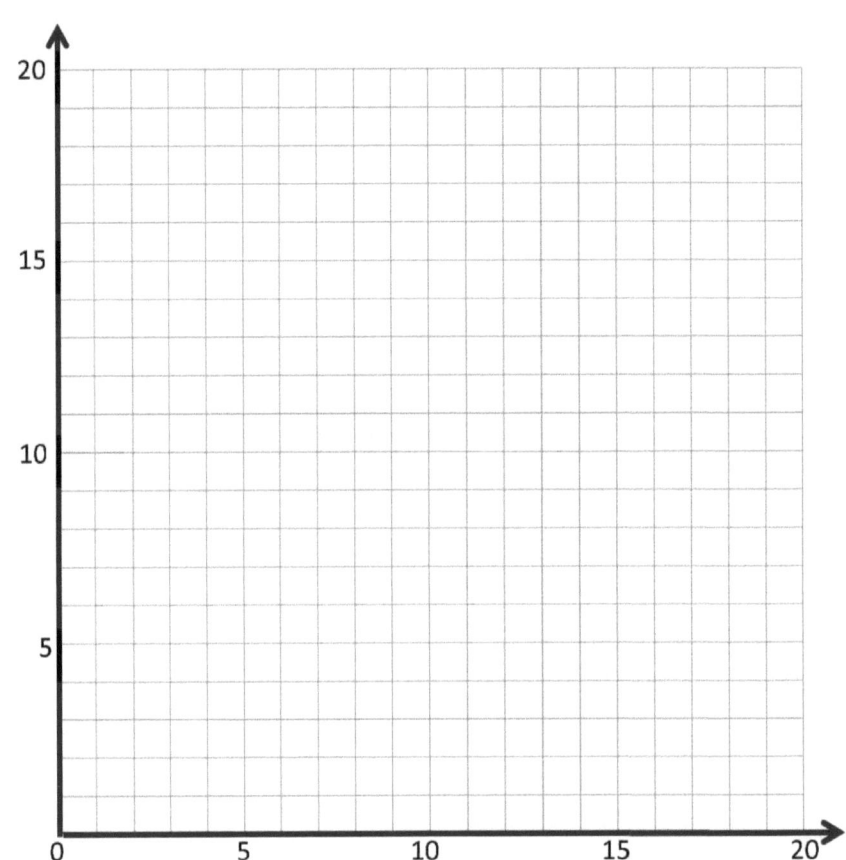

a. 在坐标平面上构建每一条线。

b. 比较和对比这些线。

c. 根据你所看到的规律，预测线 g 的样子，它的规则是 y 是 x 的 4 倍；也预测线的样子，它的规则是 y 是 x 的四分之一。在上面的平面上画出你的预测。

1. 使用坐标平面来完成以下任务。

   a. b行的规则是"x和y相等"。构造线b。

   > 遵循此规则的一些坐标对是
   > (1, 1)　　(3, 3)　　(6.5, 6.5)

   b. 构造一条与线b平行并包含点Z的线c。

   > 由于线c必须与线b平行,所以线c的规则必须是加法或减法规则。Z的坐标对是(4, 7),因此我可以沿着y坐标比x坐标大3的其他坐标对画线c。

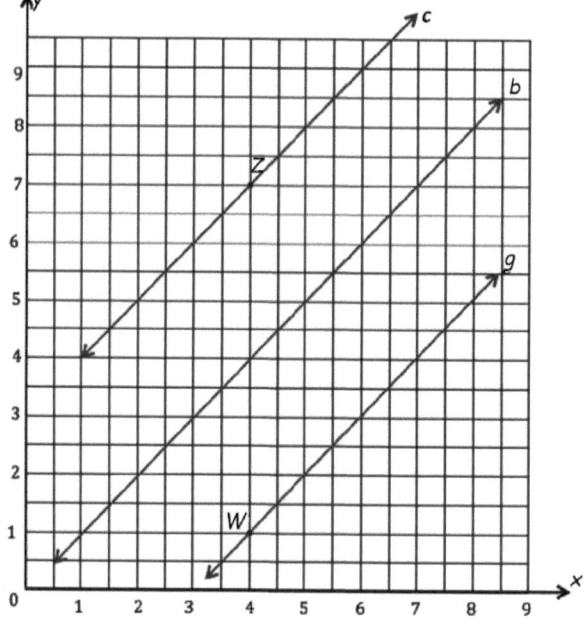

   c. 说明 c 线上的 3 对坐标。

   　　(2, 5)　　　(3, 6)　　　(6, 9)

   d. 确定描述c行的规则。

   > 描述此规则的另一种方法是:y比x大3。

   　　x 比 y 小 3。

   e. 构造一条与线b平行并包含点W的线g。

   f. 说明 g 线上的 3 点。

   　　(3.5, 0.5)　　(6, 3)　　(7, 4)

   > 同样,由于线g需要平行于线b,因此线g的规则必须是加法或减法规则。W的坐标对为(4, 1),因此我可以沿着y坐标比x坐标小3的其他坐标对画线g。

   g. 确定一个规则来描述线 g。

   　　x 比 y 大 3。

h. 根据 c 和 g 线与 b 的关系，比较和对比 c 和 g 线。

线 c 和 g 都与线 b 平行。
线 c 高于线 b，因为线 c 上的点的 y 坐标大于 x 坐标。
线 g 低于线 b，因为线 g 上的点的 y 坐标小于 x 坐标。

2. 为第四条线写一个规则，这条线与第 1 题的各线平行，并包括点 (5,6)。

y 比 x 大 1。 因为这条线与其他线平行，所以我知道它必须是一条附加规则。在给定的坐标对中，y 坐标比 x 坐标大 1。

3. 使用以下坐标平面来完成以下任务。

   a. 第 b 行表示规则 "x 和 y 相等"。

   我也可以将其视为乘法规则。"x 乘以 1 等于 y。"

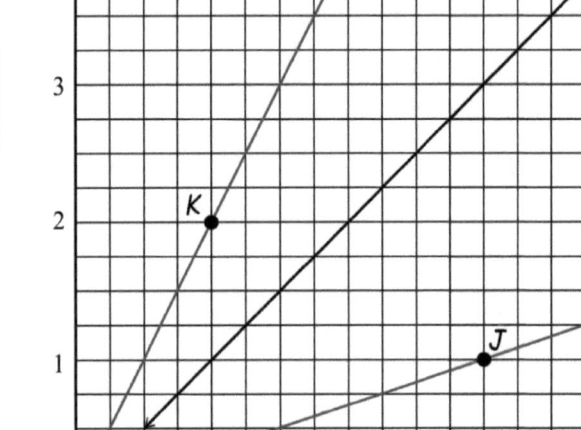

   b. 构建线 j 以包括原点和点 J。

   c. 说明 j 线上的 3 点。

   $(3, 1)$ $\left(1\frac{1}{2}, \frac{1}{2}\right)$ $\left(\frac{3}{4}, \frac{1}{4}\right)$

   d. 确定一个规则来描述线 j。

   x 是 y 的 3 三倍。

   当我分析第 j 行的 x 坐标和 y 坐标之间的关系时，我可以看到每个 y 坐标 $\frac{1}{3}$ 都是其对应的 x 坐标的值。

e. 构建线 k 以包括原点和点 K。

f. 说明 k 线上的 3 点。

$\left(\frac{1}{2}, 1\right)$ $\left(1\frac{1}{2}, 3\right)$ $(2, 4)$

g. 确定一个规则来描述线 k。

x 是 y 的 3 一半。

当我分析第k行的x坐标和y坐标之间的关系时，我可以看到每个y坐标是其相应x坐标值的两倍。

姓名 _____ 日期 _____

1. 使用坐标平面来完成以下任务。

   a. 线 p 代表 x 等于 y 这个规则。

   b. 构建线 d，与线 p 平行并包括点 D。

   c. 说明 d 线上的 3 对坐标。

   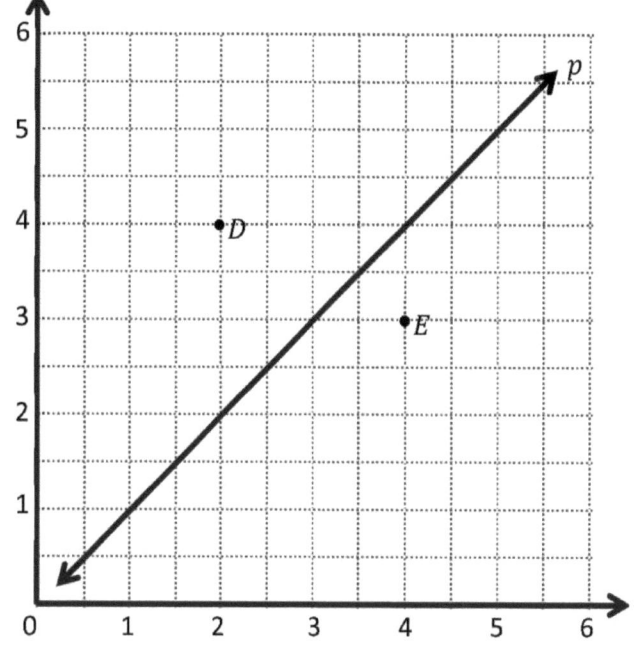

   d. 确定一个规则来描述线 d。

   e. 构建线 e，与线 p 平行并包括点 E。

   f. 说明 e 线上的 3 点。

   g. 确定一个规则来描述线 e。

   h. 根据 d 和 e 线与 p 的关系，比较和对比 d 和 e 线。

2. 为第四条线写一个规则，这条线与以上各线平行，并包括点 $(5\frac{1}{2}, 2)$。解释你是如何知道的。

3. 使用以下坐标平面来完成以下任务。

    a. 线 p 代表 x 等于 y 这个规则。

    b. 构建线 v 以包括原点和点 V。

    c. 说明 v 线上的 3 点。

    d. 确定一个规则来描述线 v。

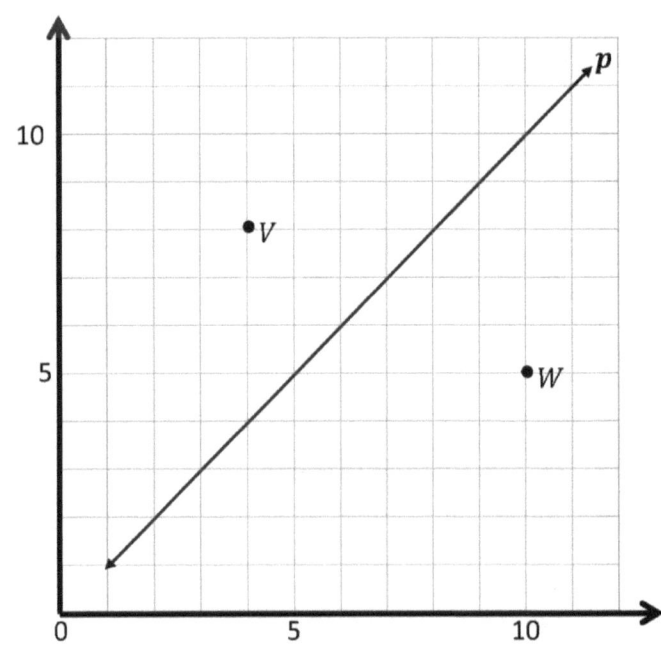

    e. 构建线 w 以包括原点和点 W。

    f. 说明 w 线上的 3 点。

    g. 确定一个规则来描述线 w。

    h. 根据 v 和 w 线与 p 的关系，比较和对比 v 和 w 线。

    i. 你在使用乘法规则生成的线当中看到什么规律？

1. 根据给定规则完成图表。

   线 p

   规则：把 x 减半。

x	y	(x, y)
2	1	(2, 1)
4	2	(4, 2)
6	3	(6, 3)

   线 q

   规则：把 x 减半，然后加 1。

x	y	(x, y)
2	2	(2, 2)
4	3	(4, 3)
6	4	(6, 4)

   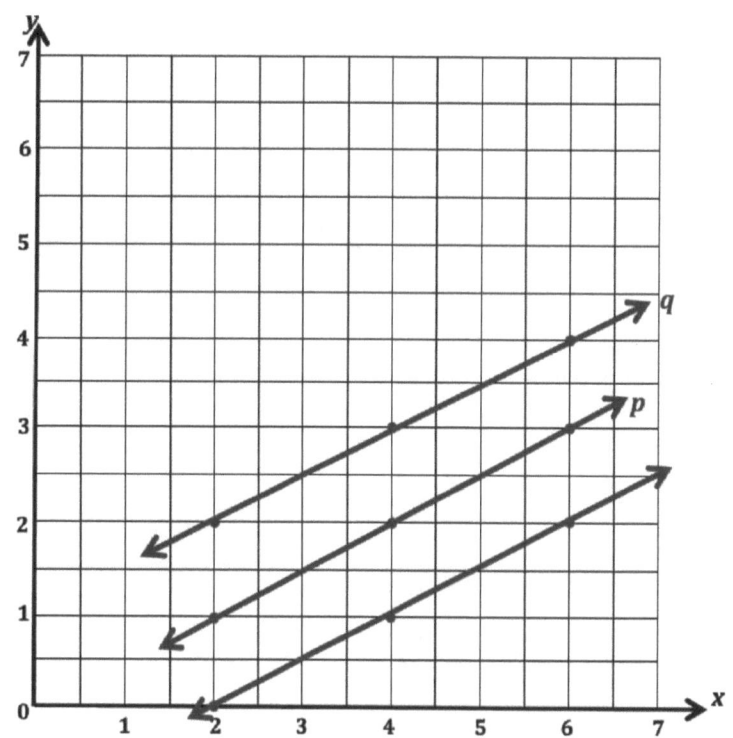

   a. 在坐标平面上画出每一条线。

   b. 比较和对比这些线。

   它们是平行线。q线在p线上方。两条线之间的距离是1个单位

   > 第q行高于第p行，因为规则说："然后加1"。

   c. 根据你所看到规律，预测规则"把 x 减半，然后减 1"的线的样子。在上面的平面上画出你的预测。

   我预测那条线会与线 p 和 q 平行。

   它会在线 p 下面 1 个单位，因为规则说"然后减 1。"

2. 圈出规则"双x,然后添加"的行将包含的点 $\frac{1}{2}$"。

> 我需要寻找遵循规则的坐标对,"双 x",然后添加 $\frac{1}{2}$."

$(0, 1)$ $\left(3, 6\frac{1}{2}\right)$ $\left(2, \frac{1}{2}\right)$ $\left(\frac{3}{4}, 2\right)$ $\left(0, \frac{1}{2}\right)$ $\left(2, 4\frac{1}{4}\right)$

圈出的点: $\left(3, 6\frac{1}{2}\right)$, $\left(\frac{3}{4}, 2\right)$, $\left(0, \frac{1}{2}\right)$

$3 \times 2 = 6$
$6 + \frac{1}{2} = 6\frac{1}{2}$

$\frac{3}{4} \times 2 = \frac{6}{4} = 1\frac{1}{2}$

$0 \times 2 = 0$
$0 + \frac{1}{2} = \frac{1}{2}$

3. 给出这条线上另外两个点。

$\left(\frac{1}{2}, 1\frac{1}{2}\right)$ $\left(1, 2\frac{1}{2}\right)$

> 我为x坐标选择值。然后我将它们加倍并添加以获取y坐标。

第11课: 分析混合运算创建的数字模式。

姓名 _____ 日期 _____

1. 根据给定规则完成图表。

   线 ℓ

   规则：把 x 变成两倍

x	y	(x, y)
1		
2		
3		

   线 m

   规则：把 x 变成两倍，然后减 1

x	y	(x, y)
1		
2		
3		

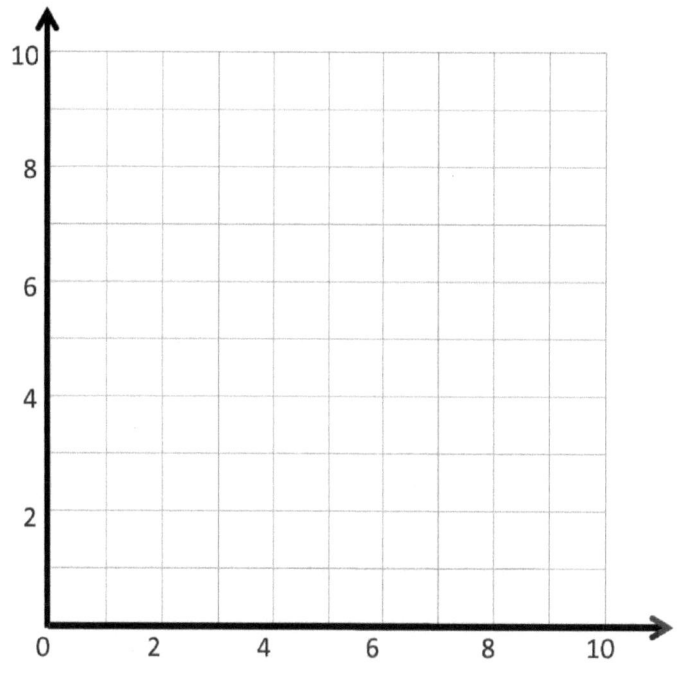

   a. 在坐标平面上画出每一条线。

   b. 比较和对比这些线。

   c. 根据你所看到规律，预测规则"把 x 变成双倍，然后加 1"的线的样子。在上面的平面上画出你的预测。

2. 圈出规则"x 乘 $\frac{1}{2}$，然后加 1"的线会包括的点。

   $(0, \frac{1}{2})$　　　　$(2, 1\frac{1}{4})$　　　　$(2, 2)$　　　　$(3, \frac{1}{2})$

   a. 解释你怎么知道的。

   b. 给出这条线上另外两个点。

3. 根据给定规则完成图表。

线 ℓ

规则：把 x 减半，然后加 1

x	y	(x, y)
0		
1		
2		
3		

线 m

规则：把 x 减半，然后加 $1\frac{1}{4}$

x	y	(x, y)
0		
1		
2		
3		

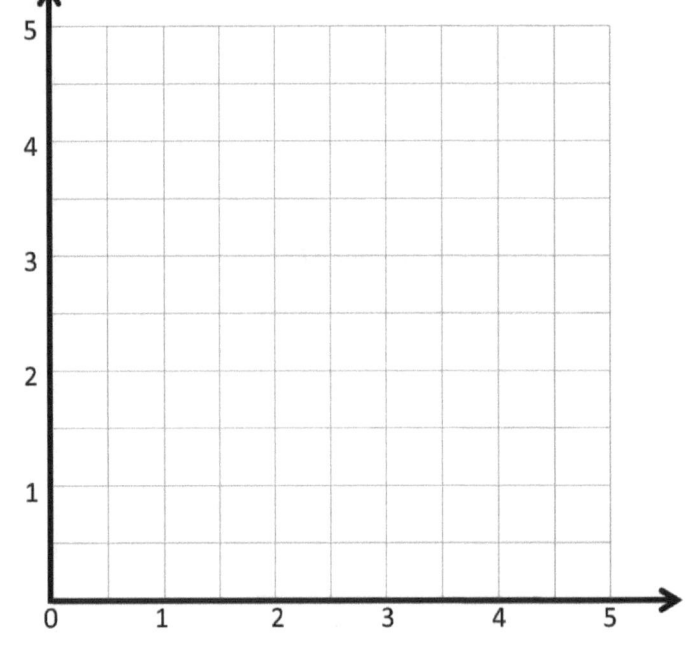

a. 在坐标平面上画出每一条线。

b. 比较和对比这些线。

c. 根据你所看到规律，预测规则"把 x 减半，然后减 1"的线的样子。在上面的平面上画出你的预测。

4. 圈出规则"x 乘 $\frac{3}{4}$，然后减 $\frac{1}{2}$"的线会包括的点。

$(1, \frac{1}{4})$ $(2, \frac{1}{4})$ $(3, 1\frac{3}{4})$ $(3, 1)$

a. 解释你怎么知道的。

b. 给出这条线上另外两个点。

1. 写一个规则给包括 (0.3, 0.5) 和 (1.0, 1.2) 两点的线。

   y 比 x 大 **0.2**。

   a. 确定这条线上另外 2 个点。然后在以下网格把它画出来。

点	x	y	(x, y)
E	0.7	0.9	(0.7, 0.9)
F	1.5	1.7	(1.5, 1.7)

   b. 写一个规则来说明与 $\overleftrightarrow{EF}$ 平行并且通过 (0.7, 1.2) 这个点的线。
   然后在网格画这条线。

   y 比 x 大 **0.5**。

   > 由于此行需要与 $\overleftrightarrow{EF}$ 平行,因此它必须是一条附加规则。在坐标对 (0.7, 1.2) 中,我可以看到y坐标比x坐标大0.5。

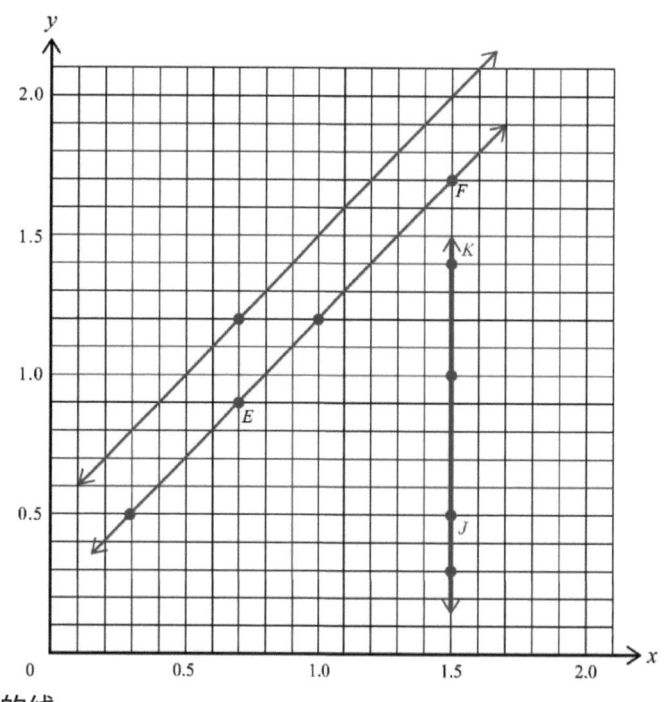

2. 写一个规则给包括 (1.5, 0.3) 和 (1.5, 1.0) 两点的线。

   x 总是 **1.5**。

   a. 确定这条线上另外 2 个点。在上面的网格画这条线。

点	x	y	(x, y)
J	1.5	0.5	(1.5, 0.5)
K	1.5	1.4	(1.5, 1.4)

   b. 写一个规则来说明与 $\overleftrightarrow{JK}$ 平行的线。

   x 总是 **1.8**。

   > 由于此线必须与 $\overleftrightarrow{JK}$ 平行,因此它必须是x坐标始终相同的另一条垂直线。

第12课: 创建一个规则来生成一个数字规律,然后画出各点。

3. 写一个规则给包括 (0.3, 0.9) 这个点的线，并使用以下的操作或陈述。然后，说明在每条线上的另外 2 点。

   a. 加成： __Y比x大0.6。__

点	x	y	(x, y)
T	0.4	1	(0.4, 1)
U	1	1.6	(1, 1.6)

   b. 平行于x轴的线： __Y始终为0.9。__

点	x	y	(x, y)
G	0.4	0.9	(0.4, 0.9)
H	1	0.9	(1, 0.9)

   > 平行于x轴的线是水平线。水平线的y坐标不变。

   c. 乘法： __y被x触发。__

点	x	y	(x, y)
A	0.2	0.6	(0.2, 0.6)
B	0.5	1.5	(0.5, 1.5)

   d. 平行于y轴的线： __x始终为0.3。__

点	x	y	(x, y)
V	0.3	1.3	(0.3, 1.3)
W	0.3	2	(0.3, 2)

   > 平行于y轴的线是垂直线。垂直线的x坐标不变。

   e. 加法乘法： __将x加倍，然后加0.3。__

点	x	y	(x, y)
R	0.4	1.1	(0.4, 1.1)
S	0.5	1.3	(0.5, 1.3)

   > 我可以使用原始坐标对 (0.3, 0.9) 来帮助我生成带有加法规则的乘法。
   > $0.3 \times 2 = 0.6$ （这是规则的"双倍x"部分。）
   > $0.6 + 0.3 = 0.9$ （这是规则的"然后加0.3"部分。）

姓名 _____ 日期 _____

1. 写一个规则给包括 $(0, \frac{1}{4})$ 和两点的线。$(2\frac{1}{2}, 2\frac{3}{4})$

   a. 确定这条线上另外 2 个点。在下面的网格画这条线。

点	x	y	(x, y)
B			
C			

   b. 写一个规则来说明与 $\overrightarrow{BC}$ 平行并通过 $(1, 2\frac{1}{4})$ 这个点的线。

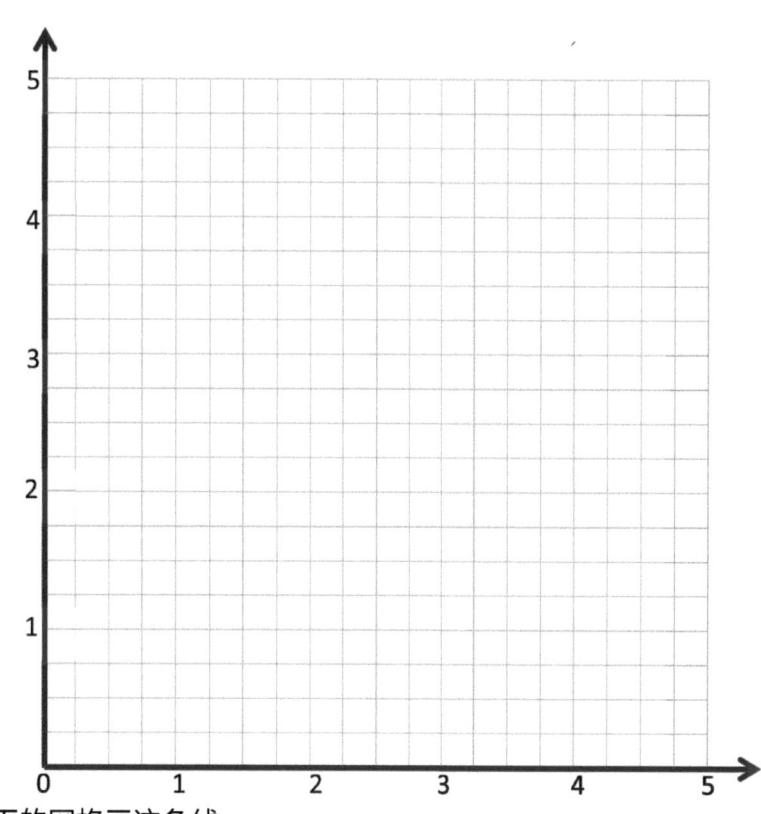

2. 写一个规则给包括 $(1, 2\frac{1}{2})$ 和 $(2\frac{1}{2}, 2\frac{1}{2})$ 两点的线。

   a. 确定这条线上另外 2 个点。在上面的网格画这条线。

点	x	y	(x, y)
G			
H			

   b. 写一个规则来说明与 $\overrightarrow{GH}$ 平行的线。

3. 写一个规则给包括 $(\frac{3}{4}, 1\frac{1}{2})$ 这个点的线，并使用以下的操作或陈述。然后，说明在每条线上的另外 2 点。

   a. 加法：_____

点	x	y	(x, y)
T			
U			

   b. 与 x 轴平行的一条线：_____

点	x	y	(x, y)
G			
H			

   c. 乘法：_____

点	x	y	(x, y)
A			
B			

   d. 与 y 轴平行的一条线：_____

点	x	y	(x, y)
V			
W			

   e. 乘法和加法：_____

点	x	y	(x, y)
R			
S			

4. 在网格上，两条线在 (1.2, 1.2) 相交。如果线 a 通过原点而线 b 包括 (1.2, 0) 这个点，写一个规则给线 a 和线 b。

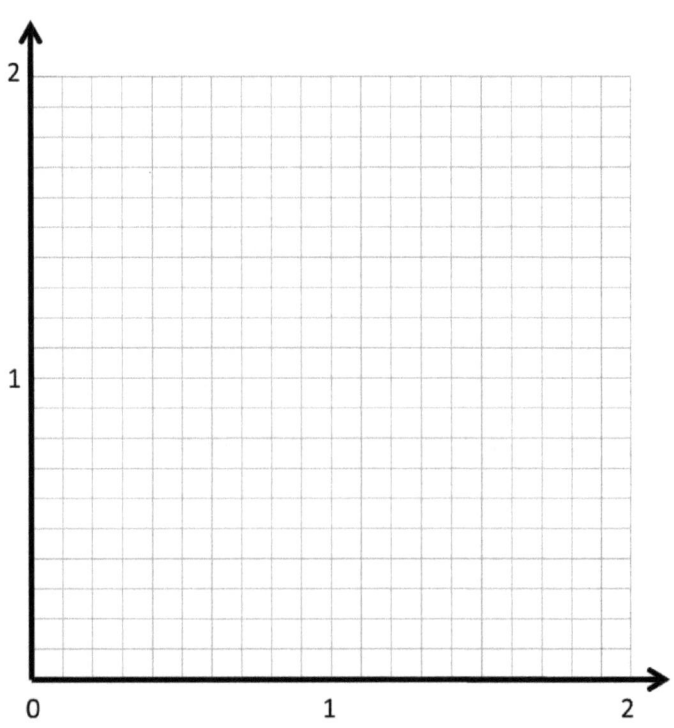

1. 玛雅和卢维奥用直角模板和直尺绘制平行线组。谁绘制的平行线组正确?为什么?

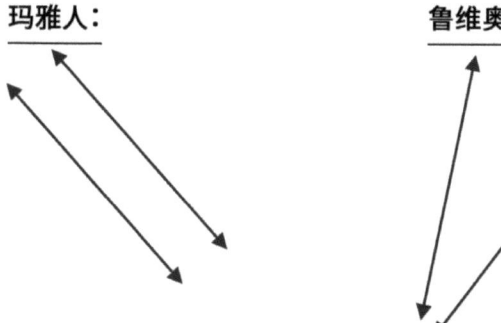

玛雅绘制的平行线组正确,因为如果你延长她的线条,它们绝不会相交(交叉)。如果你延长卢维奥的线条,它们会相交。

2. 在下面的网格上,玛雅圈出了所有她认为是平行的线段。她说的对吗?为什么对或为什么不对?

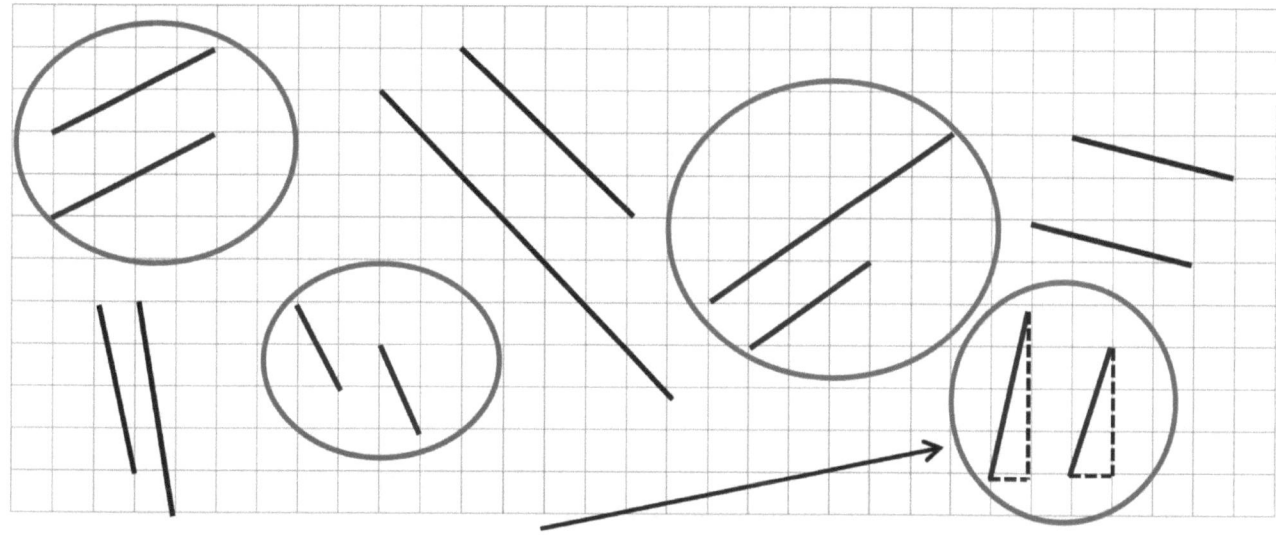

玛雅不完全正确。这一组不平行。我靠近每一线段绘制水平和垂直虚线以完成三角形。尽管两个三角形底边都是1,但左边的三角形较高。我可以看到如果我延长这些线段,它们最终会相交。这些线段不平行。同样,玛雅玛雅圈出所有的平行线段组。

3. 使用直尺通过已知点绘制一条与每条线段平行的线段。

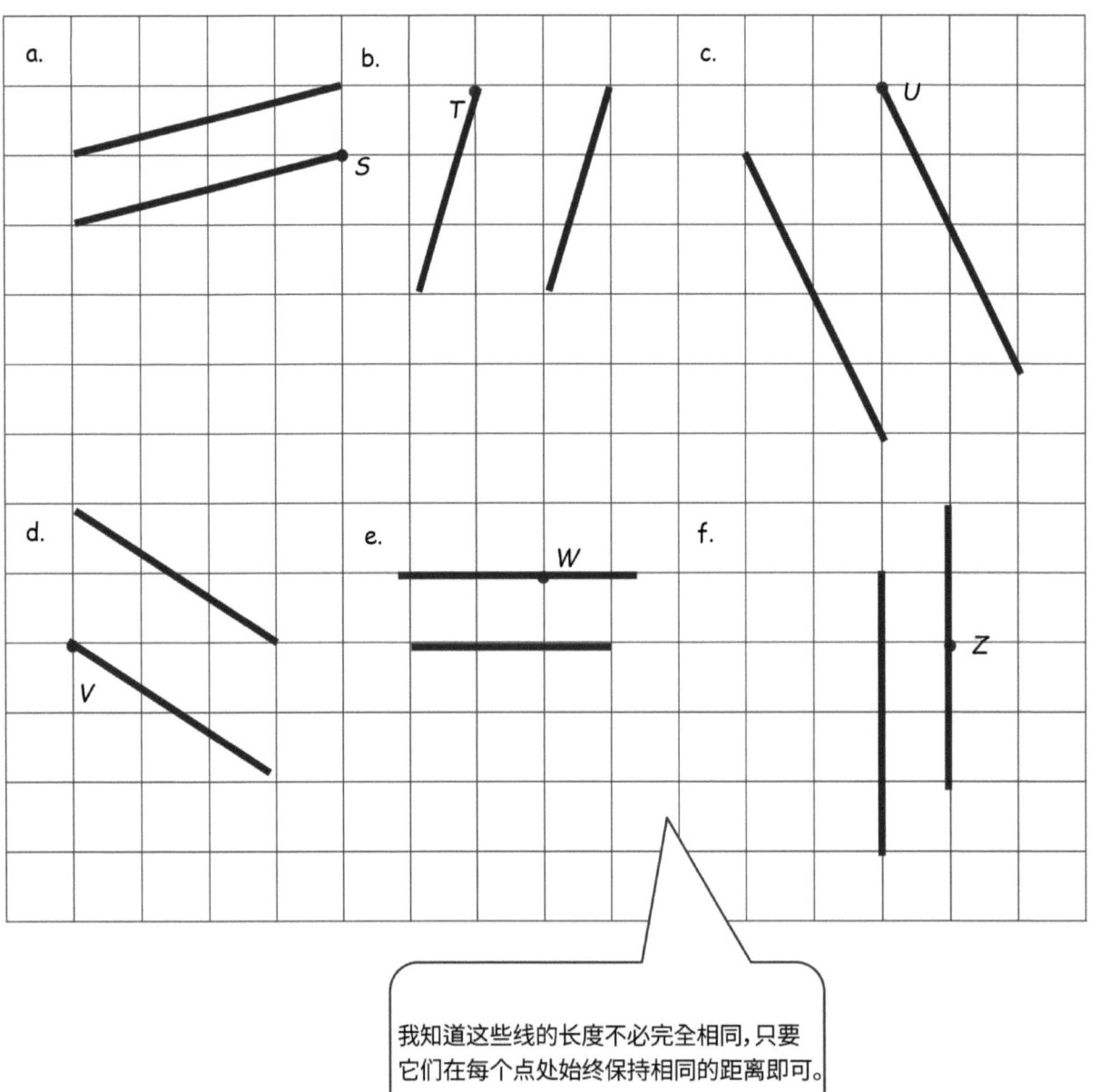

我知道这些线的长度不必完全相同,只要它们在每个点处始终保持相同的距离即可。

姓名 _____   日期 _____

1. 使用直角模板和直尺在下面空白处绘制至少三组平行线。

2. 圈出平行的线段。

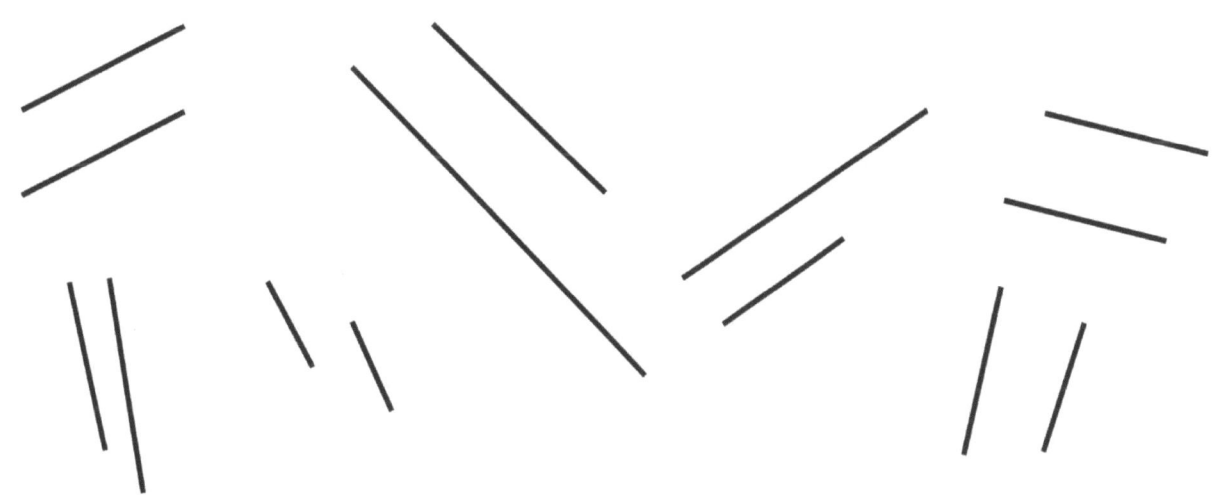

3. 使用直尺通过已知点绘制一条与每条线段平行的线段。

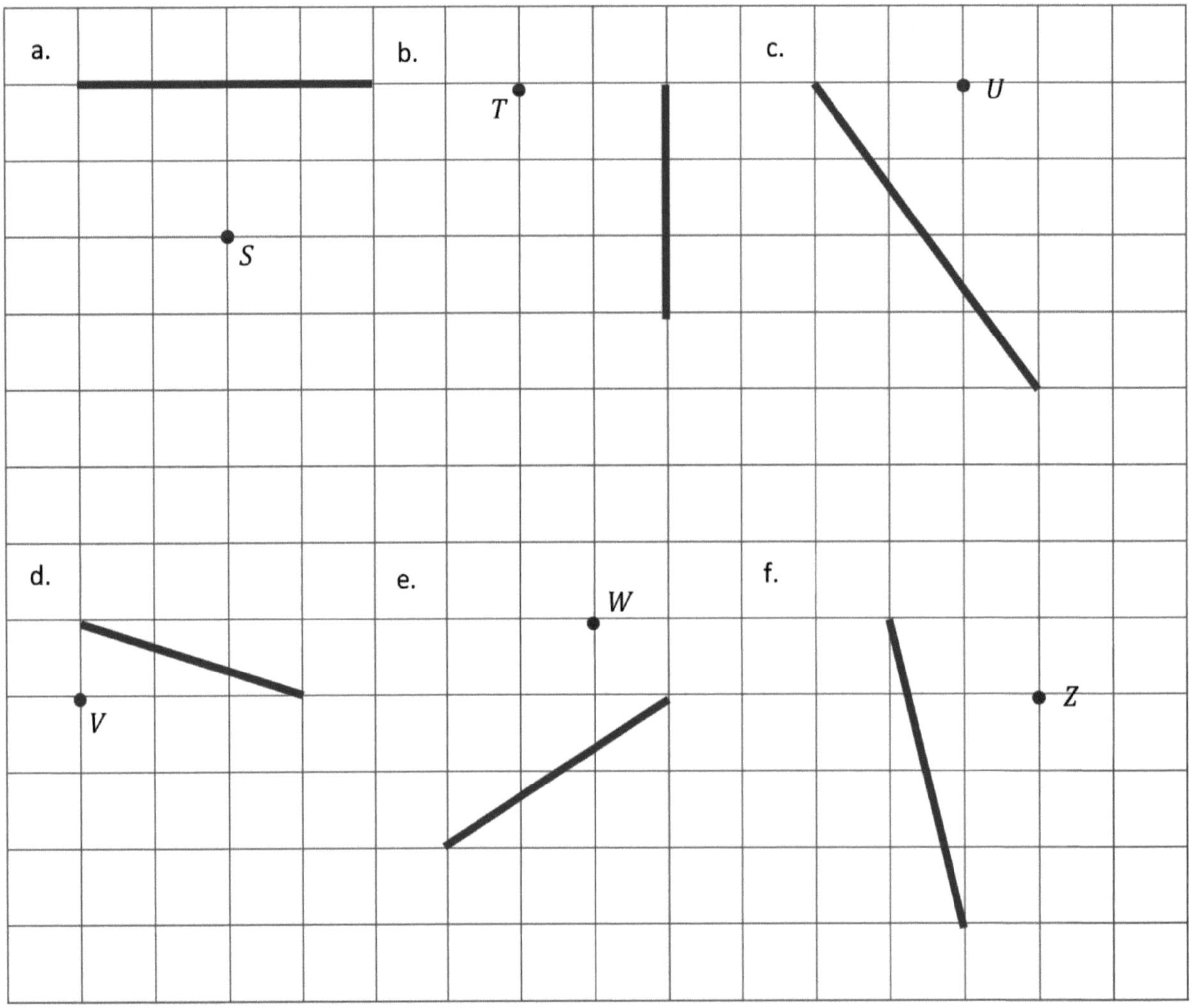

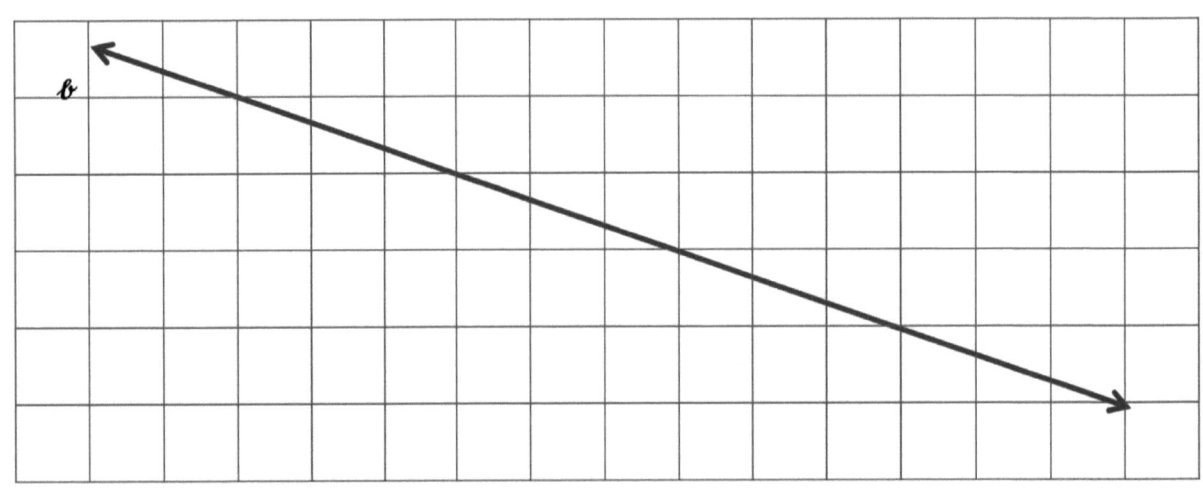

4. 绘制2条不同的线与ℓ线平行。

1. 使用以下坐标平面来完成以下任务。

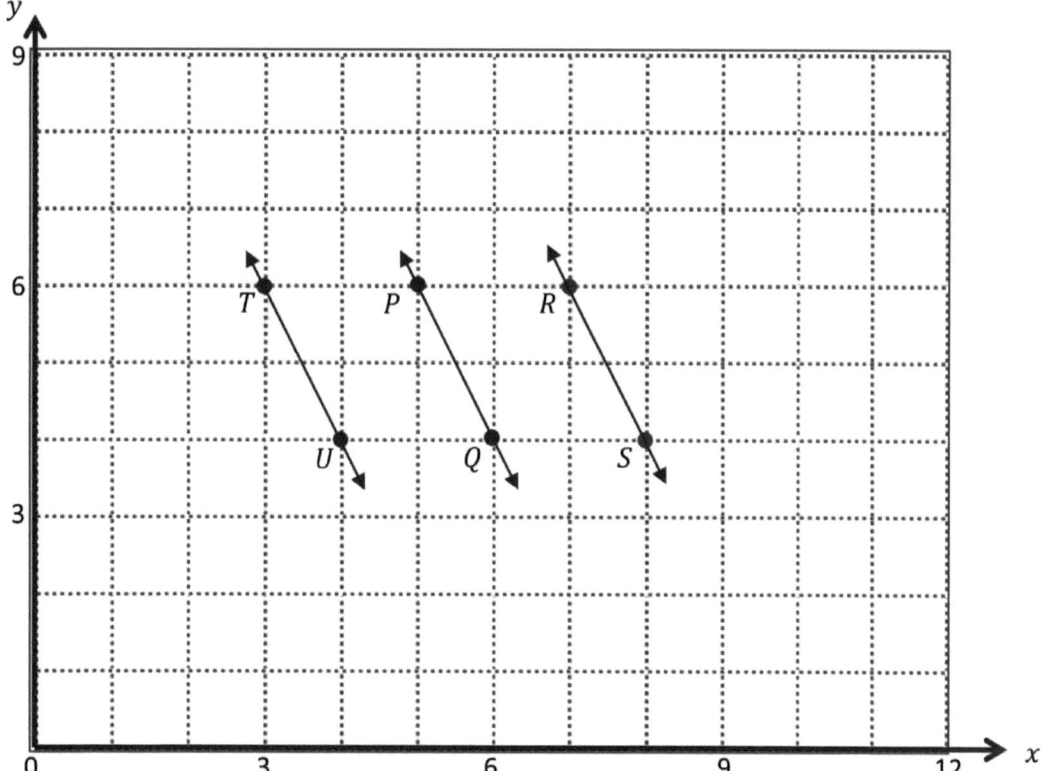

a. 确认 P 和 Q 的位置。　　P (**5** , **6**)　Q (**6** , **4**)

b. 画。$\overrightarrow{PQ}$

> 该符号表示垂直。该符号表示平行。

c. 在平面上绘制以下坐标对。　　R (7,6)　S (8,4)

d. 画　$\overrightarrow{RS}$

e. 圈出 $\overrightarrow{PQ}$ 和 $\overrightarrow{RS}$ 之间的关系　$\overrightarrow{PQ} \perp \overrightarrow{RS}$　　　$\boxed{\overrightarrow{PQ} \parallel \overrightarrow{RS}}$

第14课：　构造平行线段,并分析坐标对。

f. 给出一对点T和U的坐标,这样 $\overrightarrow{TU} \parallel \overrightarrow{PQ}$.

T (__3__ , __6__)   U (__4__ , __4__)

> 有许多可能的坐标集会使 $\overrightarrow{TU}$ 平行于 $\overrightarrow{PQ}$。我可以将y坐标保持不变,并将x坐标向左移动2个单位。

g. 画 $\overrightarrow{TU}$.

2. 使用以下坐标平面来完成以下任务。

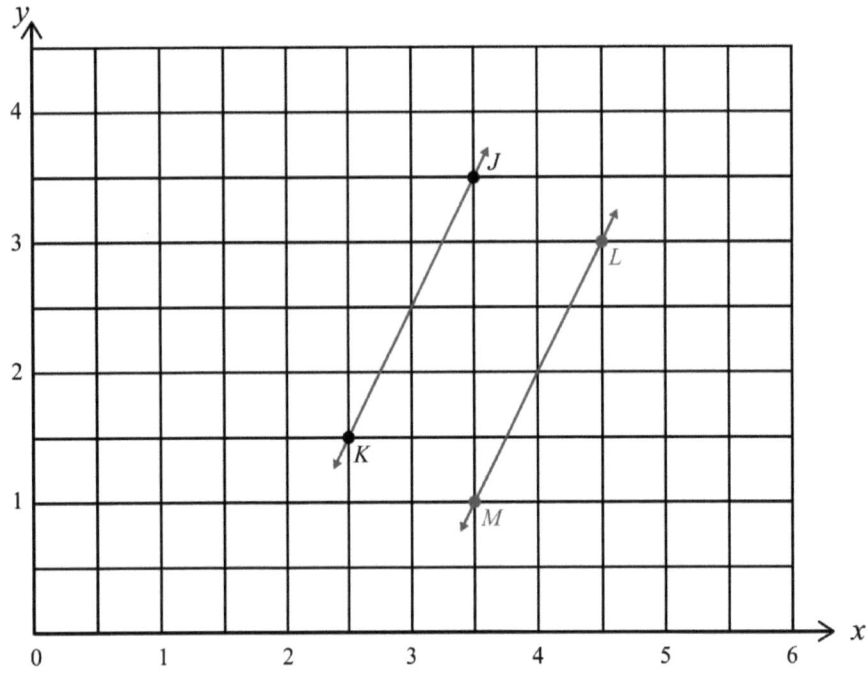

a. 确认J和K的位置。 $J\left(3\frac{1}{2}, 3\frac{1}{2}\right)$ $K\left(2\frac{1}{2}, 1\frac{1}{2}\right)$

b. 画 $\overrightarrow{JK}$.

c. 生成L和M的坐标对,这样 $\overrightarrow{JK} \parallel \overrightarrow{LM}$. $L\left(4\frac{1}{2}, 3\right)$ $M\left(3\frac{1}{2}, 1\right)$

d. 画 $\overrightarrow{LM}$.

e. 在生成L和M坐标对时解释你使用的模式。

我设想J和K向右移动了一个单位,这是两条网格线。结果,L和M的x坐标比J和K的大1。

然后,我设想两个点向下移动半个单位,这是一个网格线。结果,L和M的y坐标比J和K的大½。

姓名 _____   日期 _____

1. 使用以下坐标平面来完成以下任务。

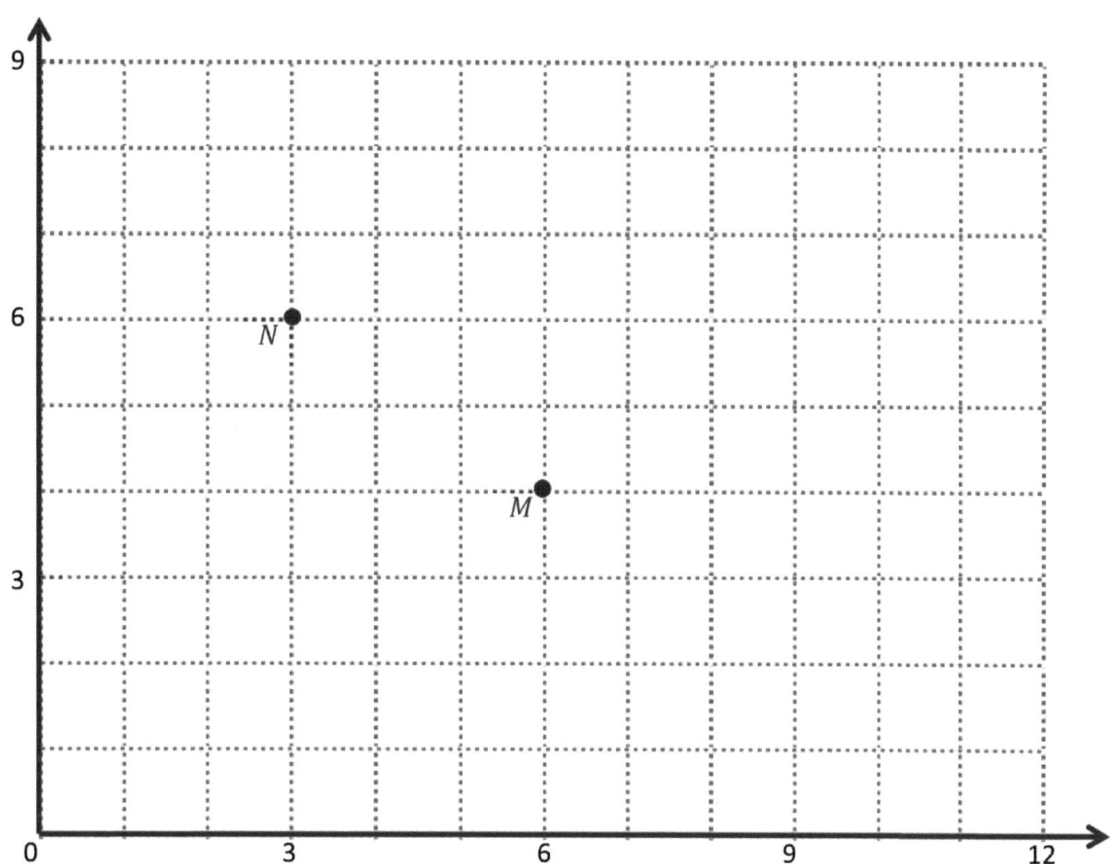

   a. 确认 M 和 N 的位置。   M: (____, ____)   N: (____, ____)
   b. 画 $\overrightarrow{MN}$.
   c. 在平面上绘制以下坐标对。
                              J: (5, 7)   K: (8, 5)
   d. 画。$\overrightarrow{JK}$.
   e. 圈出和之间的关系。 $\overrightarrow{MN}$ and $\overrightarrow{JK}$ $\overrightarrow{MN} \perp \overrightarrow{JK}$ $\overrightarrow{MN} \parallel \overrightarrow{JK}$

   f. 给出一对点 F 和的坐标，这样 $\overrightarrow{FG} \parallel \overrightarrow{MN}$.
                              F: (____, ____)   G: (____, ____)

   g. 画 $\overrightarrow{FG}$.

2. 使用以下坐标平面来完成以下任务。

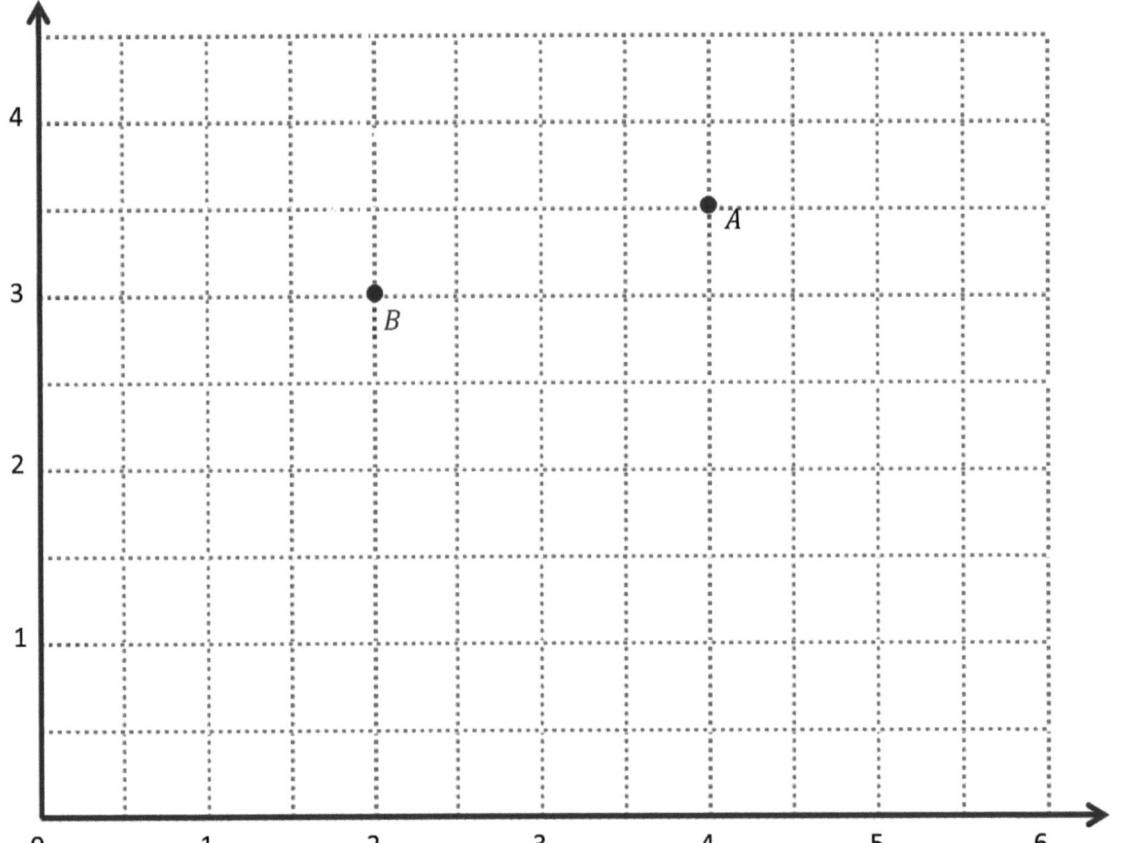

a. 确认A和B的位置。　　A: (___, ___)　　　B: (___, ___)

b. 画 $\overrightarrow{AB}$.

c. 生成C和D的坐标对,这样 $\overrightarrow{AB} \parallel \overrightarrow{CD}$.

　　　　　　　　　C: (___, ___)　　　D: (___, ___)

d. 画 $\overrightarrow{CD}$.

e. 在生成C和D坐标对时解释你使用的模式。

f. 给出一个点F的坐标,这样 $\overrightarrow{AB} \parallel \overrightarrow{EF}$.

　　　　　　　E: $(2\frac{1}{2}, 2\frac{1}{2})$　　　F: (___, ___)

g. 解释你如何选择F的坐标。

单位的故事　　　　　　　　　　　　　　　　　　　　　　第15课家庭作业助手　5•6

1. 圈出垂直的线段对。

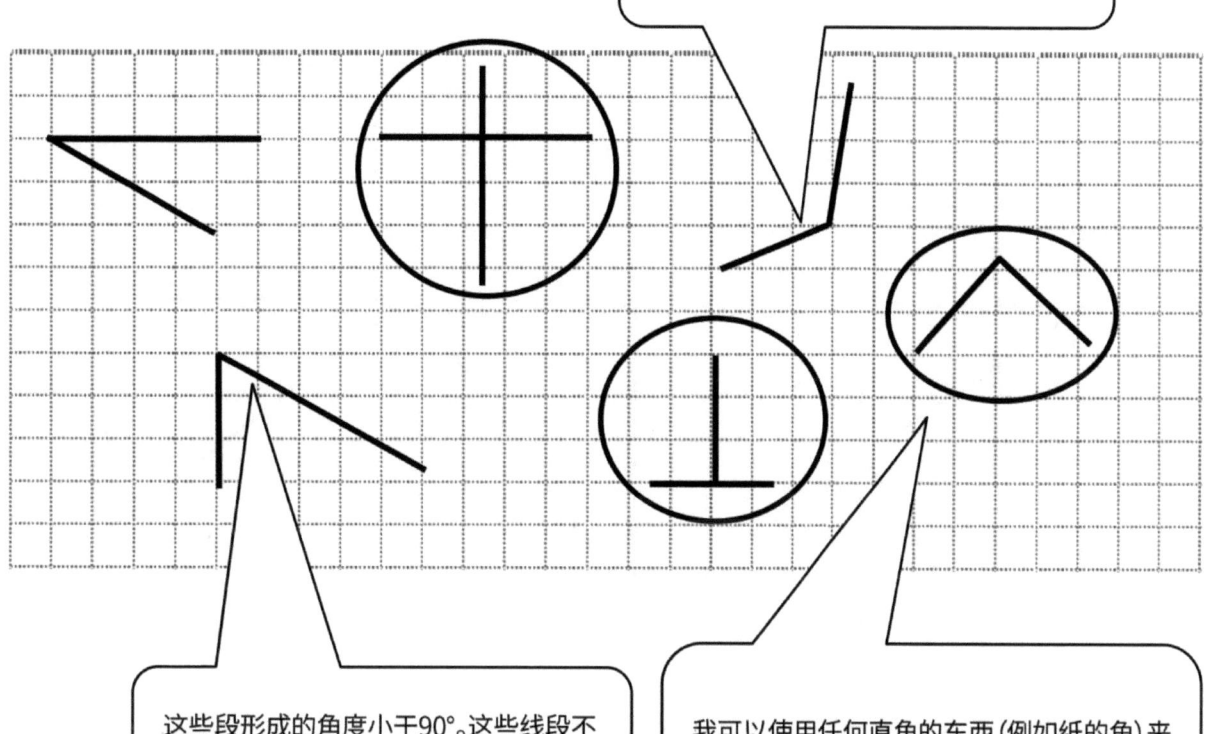

垂直段相交并形成90°或直角。

这些段形成的角度大于90°。这些线段不垂直。

这些段形成的角度小于90°。这些线段不垂直。

我可以使用任何直角的东西(例如纸的角)来查看它是否适合线条相交的角度。如果非常合适，那么我知道线条是垂直的。

第15课：　　在矩形网格上构造垂直线段。

2. 绘制一条线段与每条已知线段垂直。如需要,绘制三角形略图说明你的想法。

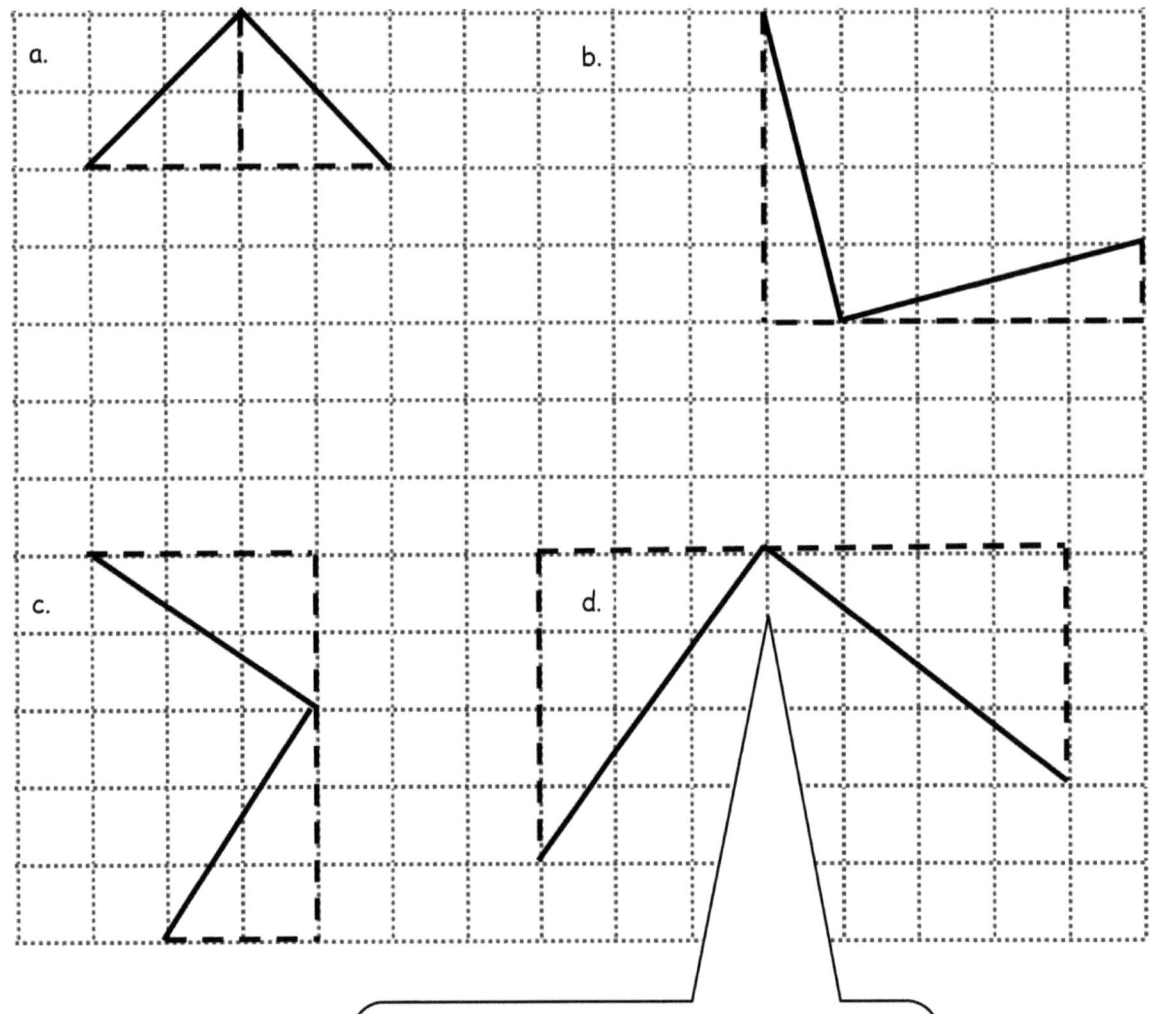

我可以绘制2个缺失的边以创建一个三角形。然后,如果可视化旋转并滑动它,则可以通过绘制三角形的最长边来绘制垂直线段。

姓名 _____ 日期 _____

1. 圈出相互垂直的线段对。

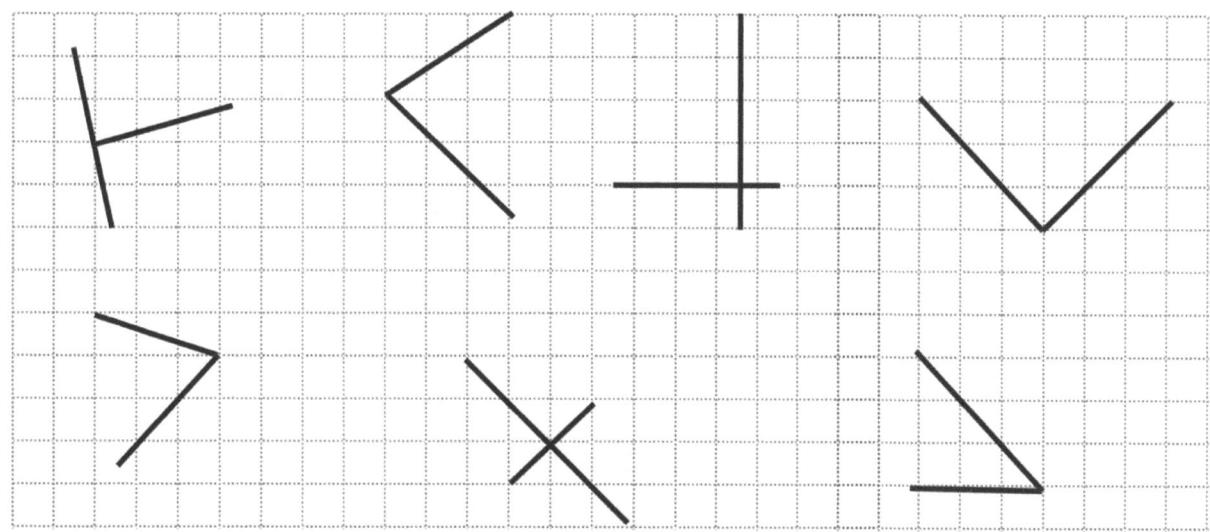

2. 在下面的空白处,使用直角模板绘制至少三组垂直线。

3. 绘制一条线段与每条已知线段垂直。如需要，绘制三角形略图说明你的想法。

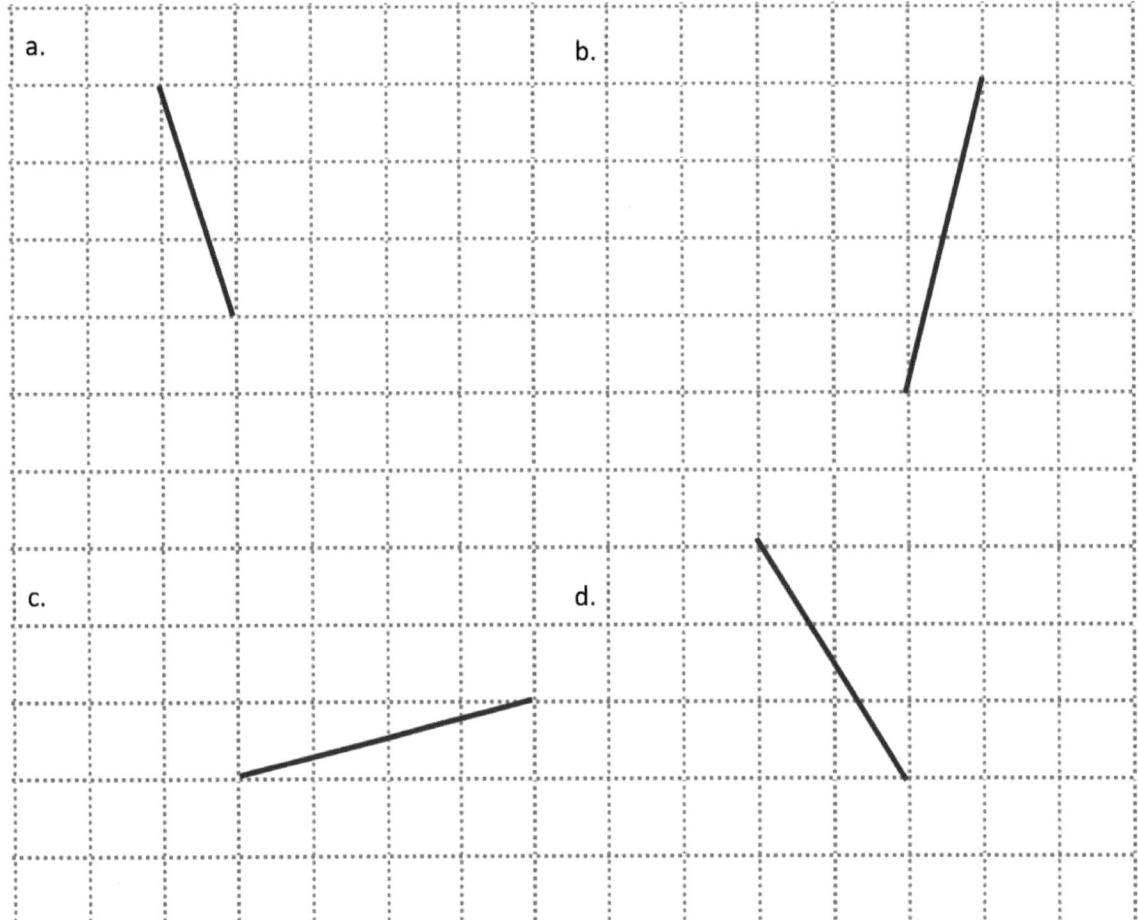

4. 绘制2条不同的线与b线垂直。

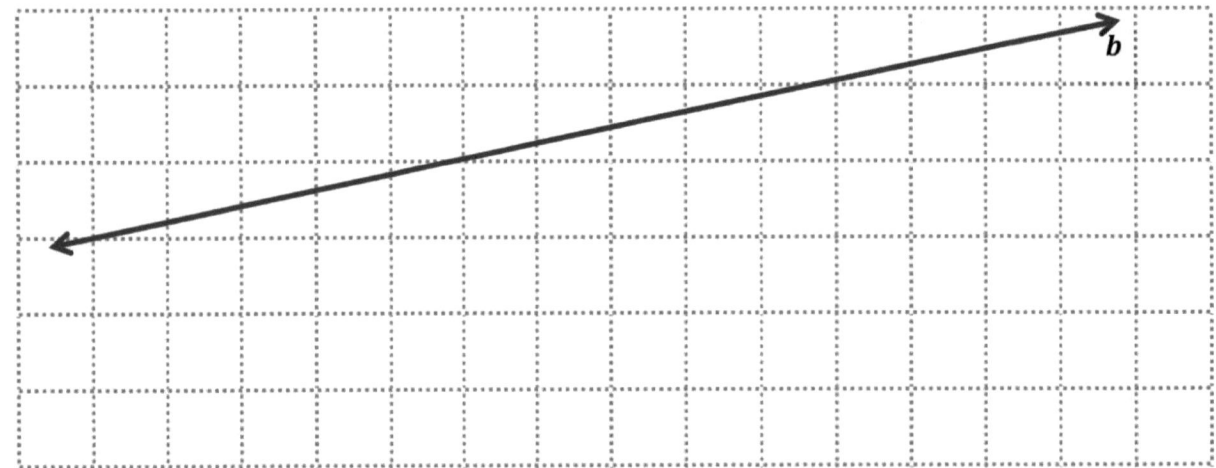

1. 在下面的三角形中，L角的测量值是50°。K角的测量值是多少？

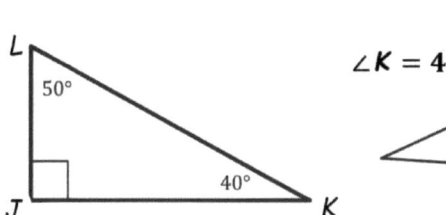

∠**K = 40°**

所有三角形的内角之和为180°。三角形 JKL 是直角三角形。由于∠J为90°，∠L为50°，因此∠K必须为40°。

$$180° - 90° - 50° = 40°$$

2. 使用以下坐标平面来完成以下任务。

   a. 画 $\overline{KL}$

   b. 绘制点 (5, 8).

   c. 画 $\overline{LM}$

绘制直角三角形后，可以直观地看到它的滑动和旋转。这些三角形是相同的。

这是问题1中的一个锐角，例如∠K。

这是问题1中的一个锐角，例如∠L。

我绘制的两个三角形对齐以沿垂直网格线创建180°或直角。因此，如果三角形的两个锐角总计为90°，则它们之间的角 $\overset{\frown}{MLK}$ 也必须为90°。

d. 解释你如何知道 ∠MLK 是一个直角而无需测量。

就像在习题1中一样，我使用网格线绘制具有 $\overline{LK}$, 边的直角。$\overline{LK}$ 然后，我设想滑动并旋转三角形以便边与边重合。$\overline{LM}$.

我知道一个直角三角形的2个锐角的值相加是90°。因此，当三角形的长边和短边形成一个直角时，180°, 它们之间的角 ∠MLK, 也是90°

e. 比较L和K点的坐标。x坐标有什么不同？那么y坐标呢？

$L\,(3, 4)$ 和 $K\,(7, 2)$

x坐标的差为4。

y坐标的差为2。

f. 比较和点的坐标。x坐标有什么不同？那么y坐标呢？

$L\,(3, 4)$ 和 $M\,(5, 8)$

x坐标的差为4。

y坐标的差为2。

g. 你发现(e)和(f)部分的差与这两条线段是其中一部分的这些三角形有什么关系？

坐标值的差为2或4。这对我来说很有意义，因为这两个线段所组成的三角形的高度为2或4，且底数为2或4。

> 当我看到三角形的滑动和旋转时，x坐标和y坐标将改变2或4的值是有意义的，因为这是三角形的高度和底边的长度。

姓名 _____　　日期 _____

1. 使用以下坐标平面来完成以下任务。

   a. 画 $\overline{PQ}$.
   b. 绘制点 $R\,(3, 8)$.
   c. 画 $\overline{PR}$.
   d. 解释你如何知道 $\angle RPQ$ 是一个直角

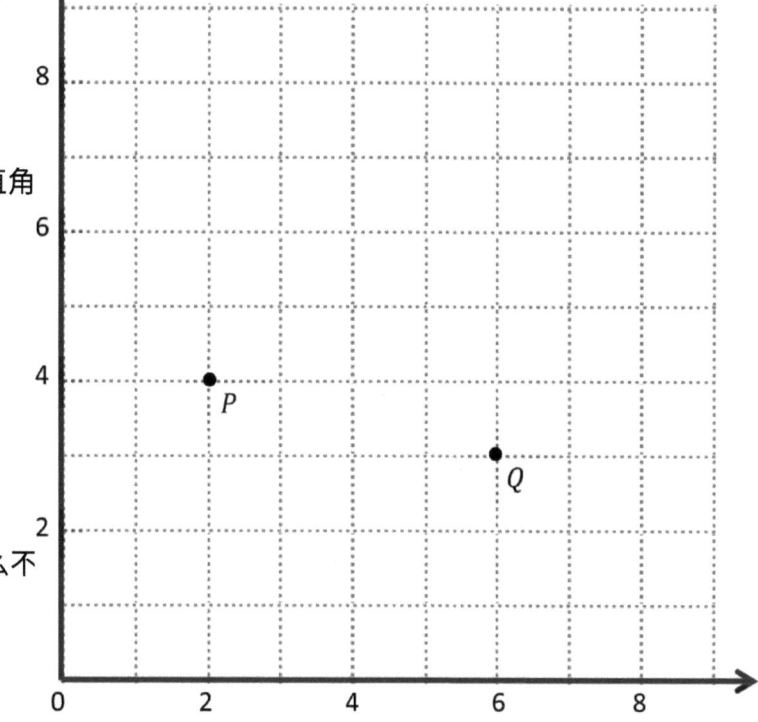

   e. 比较P和Q点的坐标。x坐标有什么不

   f. 比较P和R点的坐标。x坐标有什么不同？那么y坐标呢？

   g. 你发现(e)和(f)部分的差与这两条线段是其中一部分的这些三角形有什么关系？

2. 使用以下坐标平面来完成以下任务。

   a. 画 $\overline{CB}$.

   b. 绘制点 $D\left(\frac{1}{2}, 5\frac{1}{2}\right)$

   c. 画 $\overline{CD}$.

   d. 解释你如何知道 ∠DCB 是一个直角而无需测量。

   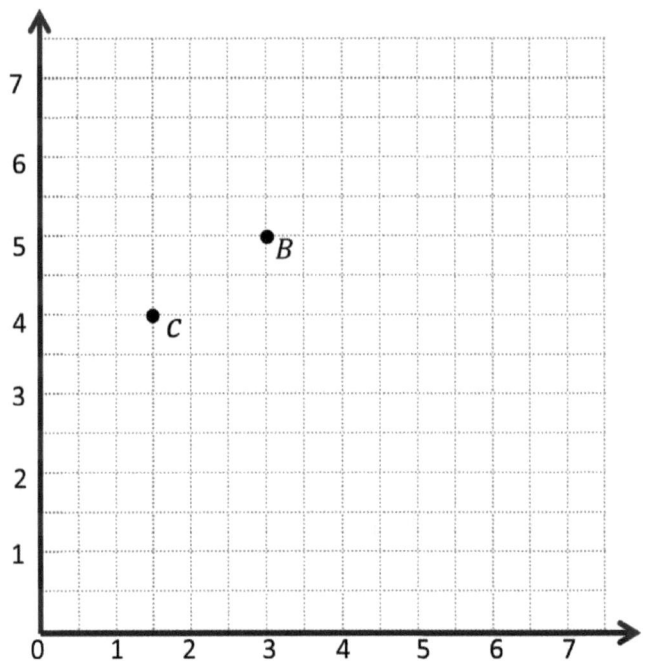

   e. 比较C和B点的坐标。x坐标有什么不同？那么y坐标呢？

   f. 比较C和D点的坐标。x坐标有什么不同？那么y坐标呢？

   g. 你发现(e)和(f)部分的差与这两条线段是其中一部分的这些三角形有什么关系？

3. $\overrightarrow{ST}$ 包含以下点。　　　　S: (2, 3)　　　　T: (9, 6)

   给出一对点U和V的坐标，这样 $\overrightarrow{ST} \perp \overrightarrow{UV}$.

   U: (____, ____)　　V: (____, ____)

单位的故事 第17课家庭作业助手

1. 绘制以创建关于UR对称的图形。$\overleftrightarrow{UR}$.

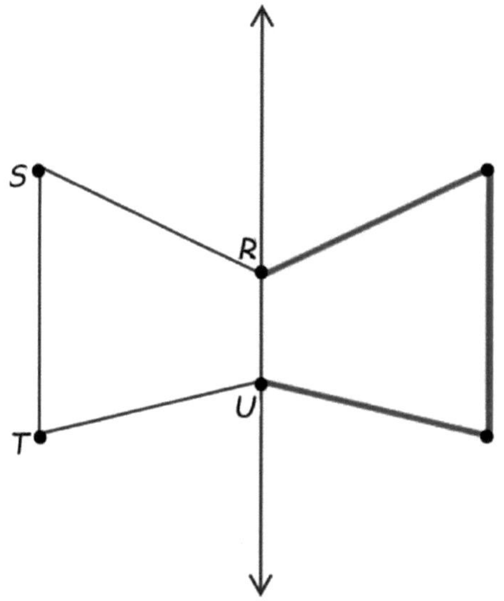

   > 为了创建一个关于UR对称的图形，我需要找到使用与对称线UR垂直且等距（等距）的线绘制的点。

   > 当在垂直于对称线的线上测量时，从该点到对称线的距离与从对称线到点S的距离相同。

2. 在下面空白处完成以下构造。
   a. 绘制3个非共线点A、B和C。

   > 我知道共线表示这些点"位于同一条直线上"，因此非共线必须表示这三个点不在同一条直线上。

   b. 画 $\overleftrightarrow{AB}$, $\overleftrightarrow{BC}$ 和 $\overleftrightarrow{AC}$.

   c. 绘制点 D, 然后画其余的边, 以便四边形 ABCD 中 对称。$\overleftrightarrow{AC}$.

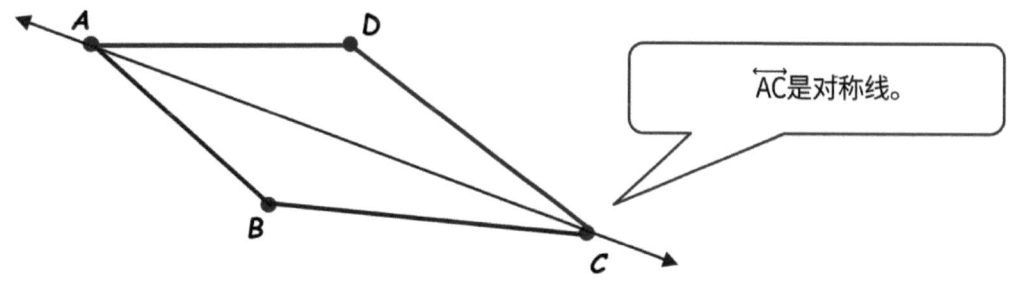

> $\overleftrightarrow{AC}$是对称线。

第17课: 使用距直线的距离和角度度量绘制对称图形对称。

姓名 _____ 日期 _____

1. 绘图以创建 $\overrightarrow{DE}$ 对称的图形。

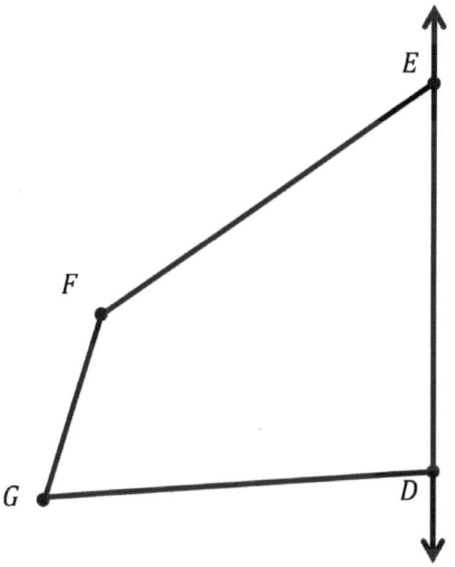

2. 绘图以创建 $\overrightarrow{LM}$ 对称的图形。

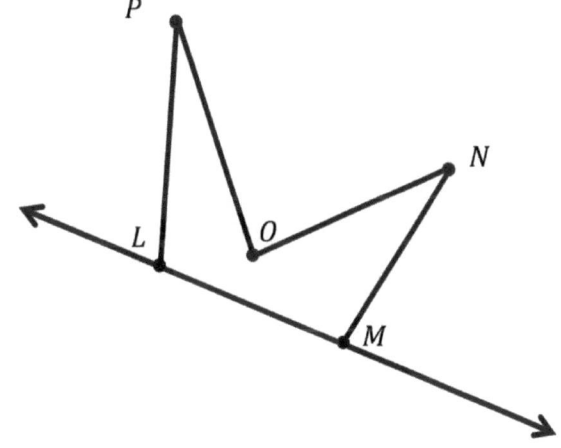

3. 在下面空白处完成以下构造。

   a. 绘制3个非共线点 G, H, 和 I.

   b. 画 $\overline{GH}$, $\overline{HI}$, 和 $\overrightarrow{IG}$.

   c. 绘制点J，然后画其余的边，以便四边形 GHIJ 中 对称。$\overrightarrow{IG}$.

4. 在下面的空白处，使用工具绘画一条线对称的图形。

单位的故事

使用右边的平面来完成以下任务。

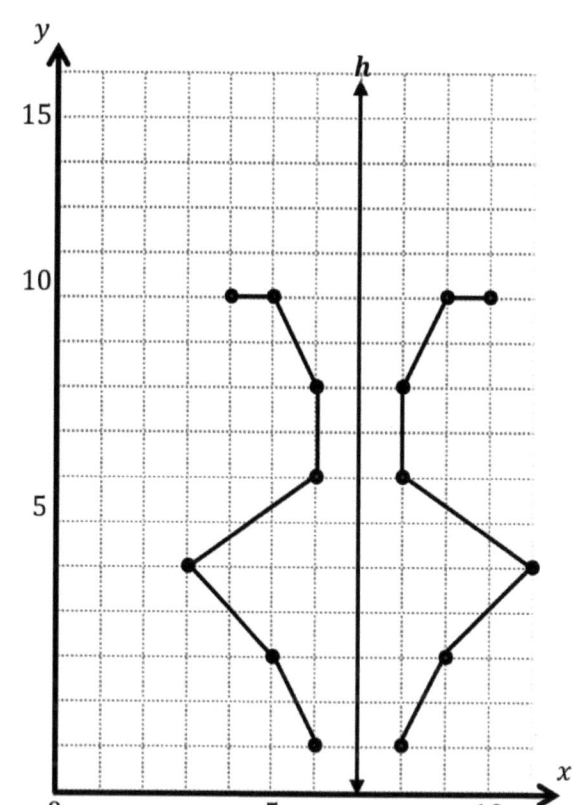

这将是一条垂直线。

a. 画一条线 h，规则是 x 总是 7。

b. 在网格上按次序画图表 B 的各点。然后，画线段来顺序连接各点。

图表 A

(x, y)
$(6, 1)$
$(5, 3)$
$(3, 5)$
$(6, 7)$
$(6, 7)$
$(5, 11)$
$(4, 11)$

图表 B

(x, y)
$(8, 1)$
$(9, 3)$
$(11, 5)$
$(8, 7)$
$(8, 9)$
$(9, 11)$
$(10, 11)$

c. 完成图画来创建一个与线 h 对称的图形。对于图表 A 的每一点，记录线 h 另外一边的对称点。

d. 比较图表 A 和图表 B 的 y 坐标。你注意到什么？

图表 A 的 y 坐标和图表 B 的相同。
因为对称线是垂直的，所以只有 x 坐标会改变。

e. 比较图表 A 和图表 B 的 x 坐标。你注意到什么？

我注意到 x 坐标的差距总是一个偶数，因为某个点距离线 h 的距离需要变成双倍。

姓名 _____　　　日期 _____

1. 使用右边的平面来完成以下任务。

   a. 画一条线 s，规则是 x 总是 5。

   b. 在网格上按次序画图表 B 的各点。
      然后，画线段来顺序连接各点。

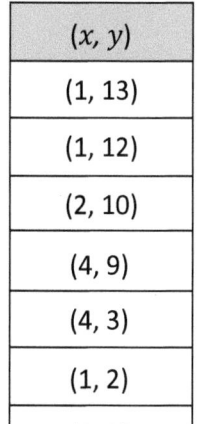

图表 A

(x, y)
(1, 13)
(1, 12)
(2, 10)
(4, 9)
(4, 3)
(1, 2)
(5, 2)

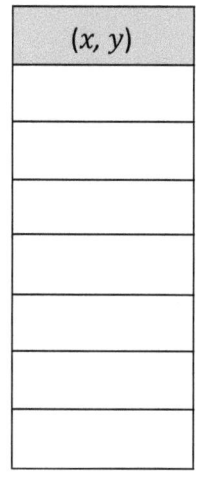

图表 B

(x, y)

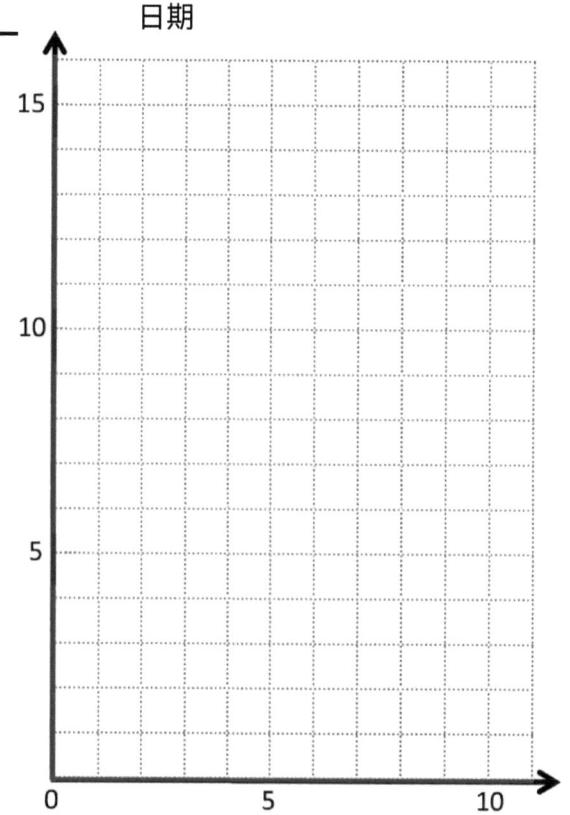

   c. 完成图画来创建一个与线 s 对称的图形。
      对于图表 A 的每一点，记录线 s 另外一边的对称点。

   d. 比较图表 A 和图表 B 的 y 坐标。你注意到什么？

   e. 比较图表 A 和图表 B 的 x 坐标。你注意到什么？

2. 使用右边的平面来完成以下任务。

   a. 画一条线 p，规则是 y 等于 x。

   b. 在网格上按次序画图表 B 的各点。然后，画线段来连接各点。

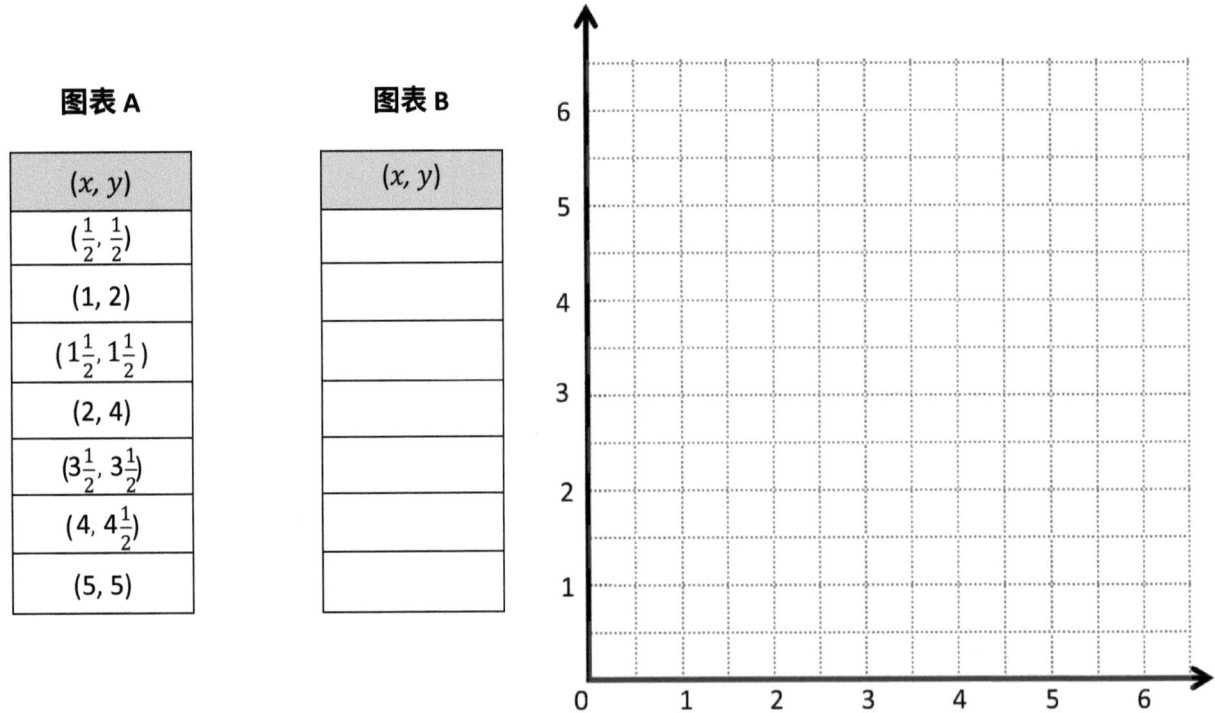

图表 A

(x, y)
$(\frac{1}{2}, \frac{1}{2})$
(1, 2)
$(1\frac{1}{2}, 1\frac{1}{2})$
(2, 4)
$(3\frac{1}{2}, 3\frac{1}{2})$
$(4, 4\frac{1}{2})$
(5, 5)

图表 B

(x, y)

   c. 完成图画来创建一个与线 p 对称的图形。对于图表 A 的每一点，在图表 B 记录线 p 另外一边的对称点。

   d. 比较图表 A 和图表 B 的 y 坐标。你注意到什么？

   e. 比较图表 A 和图表 B 的 x 坐标。你注意到什么？

单位的故事　　　　　　　　　　　　　　　　　　　　　　　第19课家庭作业助手　5•6

以下折线图追踪舍尔顿六月 10 日至六月 24 日期间每天的支票账户结余。使用图表的信息来回答以下问题。

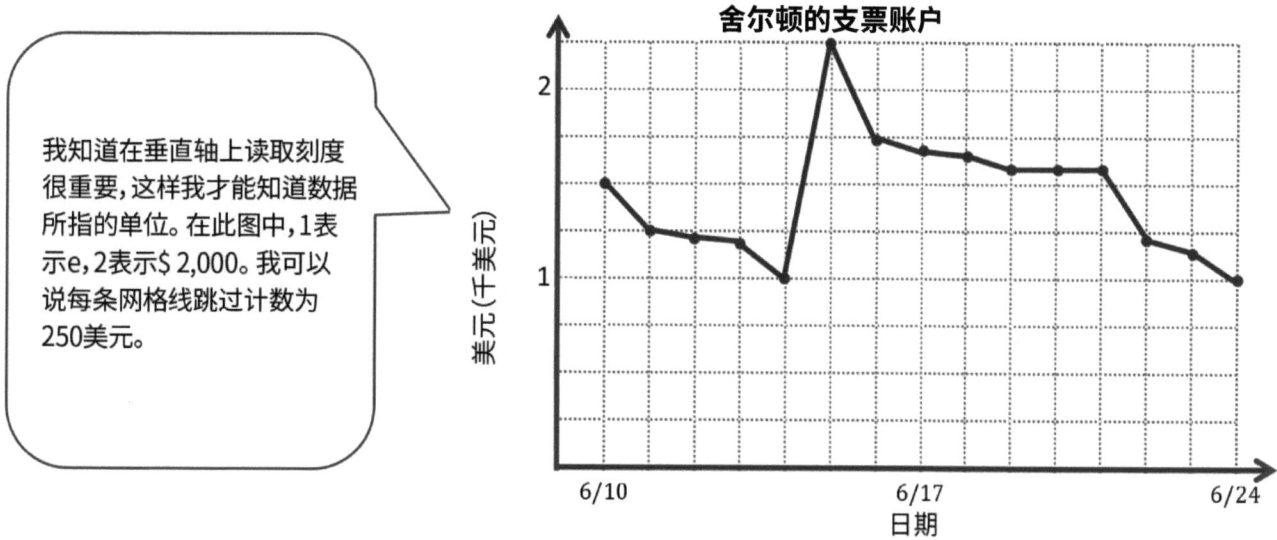

> 我知道在垂直轴上读取刻度很重要，这样我才能知道数据所指的单位。在此图中，1 表示e，2 表示 $2,000。我可以说每条网格线跳过计数为 250 美元。

a. 在六月 10 日，舍尔顿的支票账户大约有多少钱？

在六月 10 日，舍尔顿的账户有 $1,500。我知道答案，因为该点在 $1,000 和 $2,000 的正中间。

b. 如果舍尔顿在六月 24 日从他的支票账户花了 $250，他的账户会剩下多少钱？

Sheldon还剩下 $750。　　　　$1,000 − $250 = $750

c. 舍尔顿获得了一笔工资，直接存到他的支票账户里。这最可能在哪一天发生？解释你怎么知道的。

他的账户金额在六月 15 日增加了 $1,250。这最可能是他收到工资的一天。

d. 舍尔顿在图表所显示的期间支付了房费。这最可能在哪一天发生？解释你怎么知道的。

舍尔顿可能在六月 15 日或六月 21 日支付了房费。在这两天，舍尔顿的账户金额减少得最快。

第19课：　在折线图上画出数据并分析趋势。

姓名 _____ 日期 _____

1. 以下折线图追踪侯瓦德五月 12 日至五月 26 日期间每天的支票账户结余。使用图表的信息来回答以下问题。

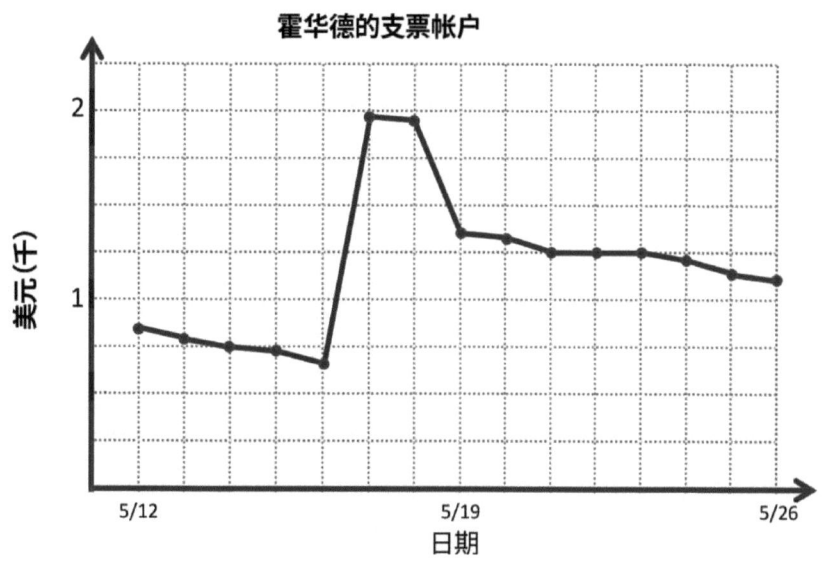

a. 在五月 21 日,侯瓦德的支票账户大约有多少钱?

b. 如果舍尔顿在五月 26 日从他的支票账户花了 $250,他的账户会剩下多少钱?

c. 解释侯瓦德的金钱在五月 21 日和五月 23 日之间发生了什么事情。

d. 侯瓦德获得了一笔工资,直接存到他的支票账户里。这最可能在哪一天发生?解释你怎么知道的。

e. 侯瓦德在图表所显示的期间买了一台电视机。这最可能在哪一天发生?解释你怎么知道的。

2. 以下折线图追踪森提诺进行三项铁人比赛每一部分的开始时间和结束时间。使用图表的信息来回答以下问题。

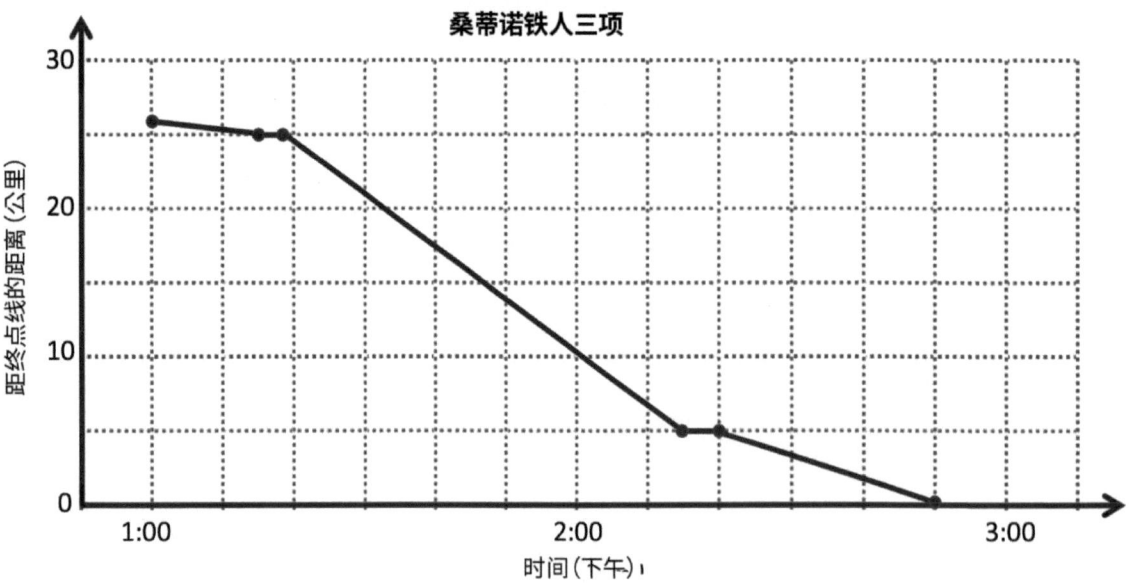

a. 森提诺用了多少时间来完成三项铁人比赛？

b. 为了完成三项铁人比赛，森提诺首先游过一个湖，然后骑自行车经过城市，最后在湖周围跑步。根据图表，比赛的跑步部分的距离是多少？

c. 在比赛期间，森提诺停下来换上自行车鞋子和头盔，后来又换上他的跑步鞋。这最可能发生在什么时间？解释你怎么知道的。

d. 森提诺最快完成的是哪一个部分？你如何知道？

e. 森提诺在三项铁人比赛中的哪一个部分速度最高？解释你怎么知道的。

单位的故事 | 第20课家庭作业助手

使用图形回答问题。

赫托尔早上 6:00 出门进行自行车比赛练习。他使用卫星定位系统来追踪他练习期间的每个小时结束时的英里数。他把数据上传到计算机，并得出以下折线图：

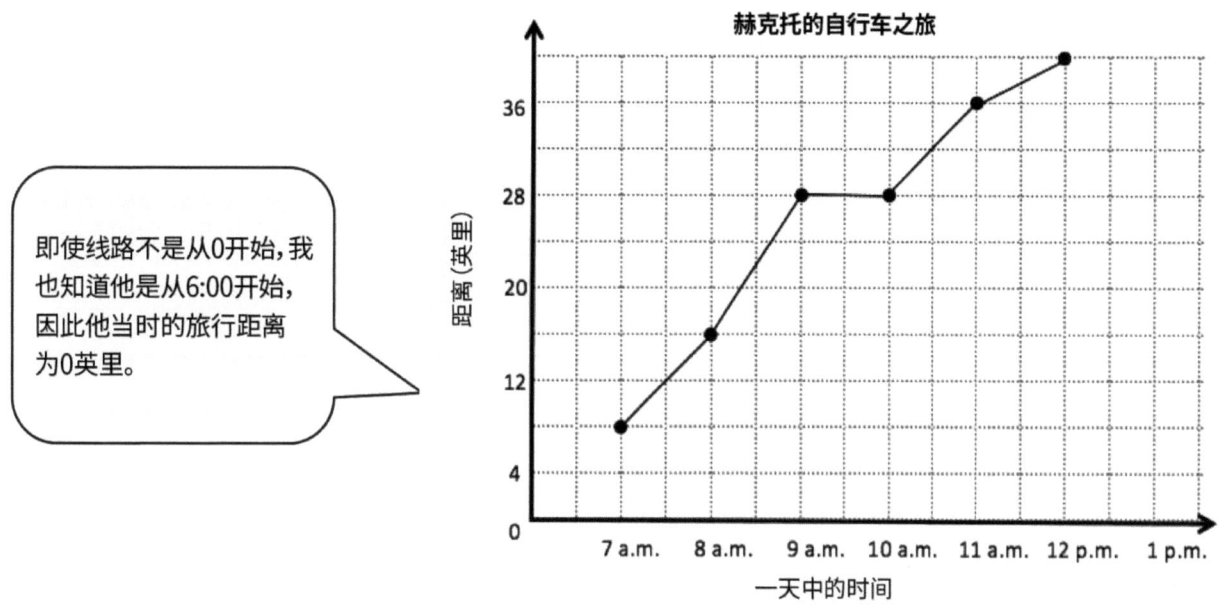

即使线路不是从0开始，我也知道他是从6:00开始，因此他当时的旅行距离为0英里。

a. 赫托尔总共骑了多远？用了多少时间？

赫克托(Hector)在6小时内走了40英里。

赫克托在上午6:00开始，在中午停止。那是6个小时。

下午12:00的最后一个数据点显示40英里。

第20课: 使用坐标系统解决实际问题。

b. 赫托尔休息了一个小时来吃零食和拍照。他在什么时候休息？你是怎么知道的？

赫托尔在早上9点至10点休息。 这个时间的水平线说明赫托尔的距离没有改变；因此，他在那个小时内没有骑自行车。

c. 赫托尔在哪个小时内速度最低？

赫克托最慢的时间是他在上午11:00至中午之间的最后一个小时。他在最后一个小时只骑了4英里，而在接下来的几个小时里，他至少骑了8英里（休息时除外）

> 我也知道我可以看看两点之间的直线有多陡峭，以帮助我知道赫克托骑行的速度有多快。在上午11:00和中午之间，路线不是很陡峭，所以我知道那是他最慢的时间。

单位的故事

第20课家庭作业 5•6

姓名 _____   日期 _____

使用图形回答问题。

约翰尼早上 6 点出门，并追踪他骑自行车的每个小时结束时的千米数。他在一个折线图上记录了数据。

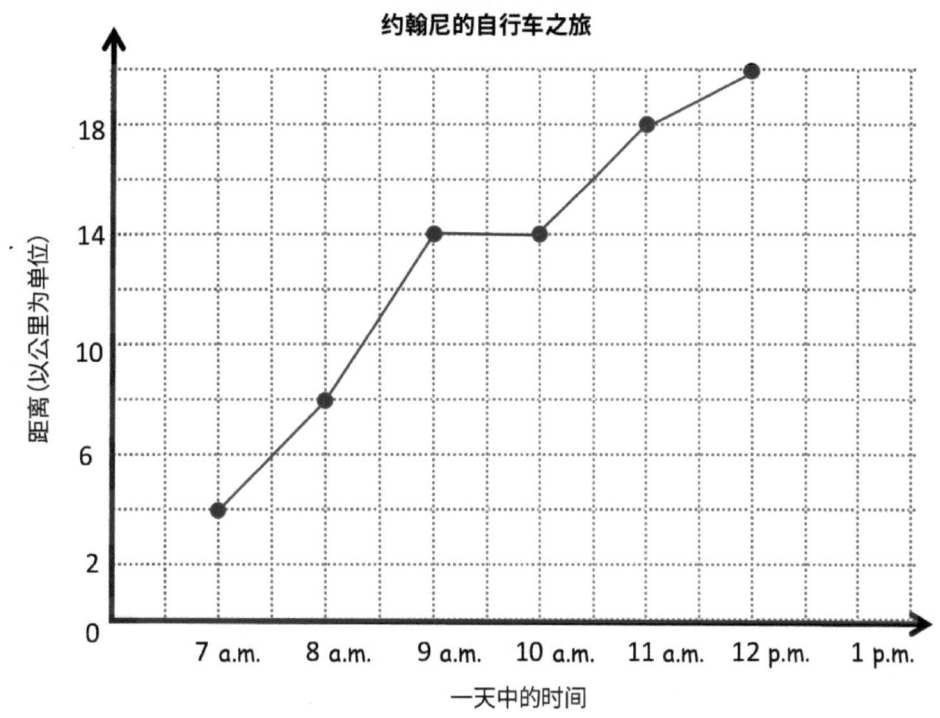

a. 约翰尼总共骑了多远？用了多少时间？

b. 约翰尼休息了一个小时来吃零食和拍照。他在什么时候休息？你是怎么知道的？

c. 约翰尼休息前还是休息后移动的距离比较长？说明。

d. 约翰尼在哪两个小时内骑了 4 千米？

e. 约翰尼在哪个小时内速度最高？解释你怎么知道的。

梅耶尔读的书本数量是泽连的四倍。雷诺斯读的书本数量是梅耶尔和泽连两者的总和。帕克斯读的书本数量是泽连的一半。四人总共读了 147 本书。每一个小孩读了多少本书？

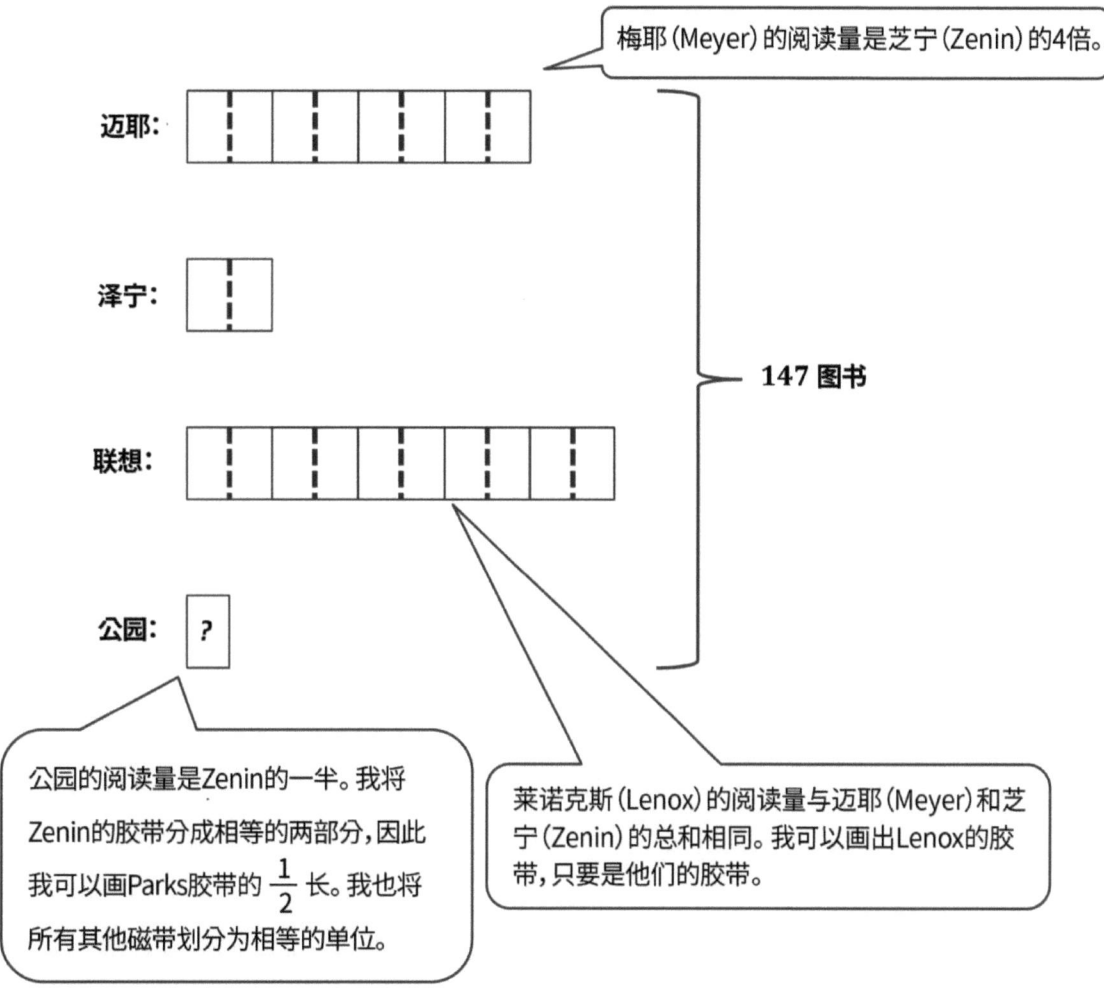

21 个定位 = 147 本书

1 个单位 = 147 本书 ÷ 21 = 7 本书

帕克斯读了 7 本书。

7 × 8 = 56　　　**梅耶尔读了 56 本书。**

7 × 2 = 14　　　**泽连读了 14 本书。**

56 + 14 = 70　　**雷诺斯读了 70 本书。**

姓名 _____ 日期 _____

1. 萨拉到达露营地点的距离是艾丽的两倍。雅示莉的驾驶距离是萨拉和艾丽的总和。哈泽尔的驾驶距离是萨拉的3倍。四人到达露营地点的总驾驶距离是888英里。他们每人驾驶了多远?

以下问题是一个有趣的谜题。它的目的是鼓励合作以及与家人一起解决问题。它不是这个家庭作业的必要部分。

2. 某人希望带一只山羊、一袋包菜和一只狼到一个岛上。他的小船只能容纳他和一只动物或一个物件。如果留下山羊和包菜，山羊就会吃掉包菜。如果留下狼和山羊，狼就会吃山羊。那个人可以怎样避免任何一方被吃掉并且把三者带到岛上？

使用任意方法解题。展示你所有的想法。

> 我知道正方形的所有四个边的长度相等。

研究显示全部正方形的这个图形。填写图表。

图形	平方厘米面积
1	9 厘米²
2	81 厘米²
3	36 厘米²
5	9 厘米²
6	9 厘米²

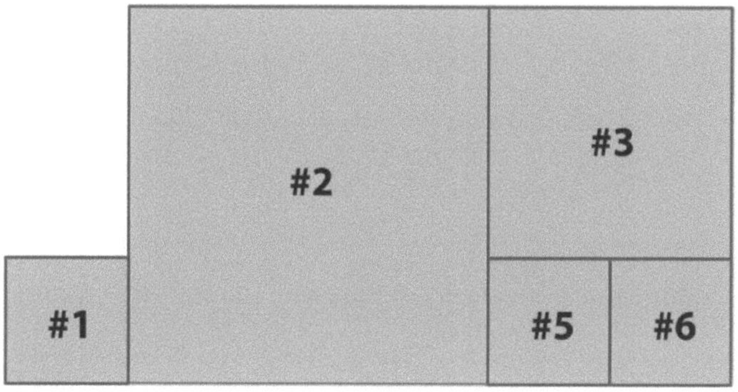

> 桌子说图1的面积是 9厘米²
> 3厘米 × 3厘米 = 9厘米²
> 我知道图1的每一边长3厘米。

> 图5和6与图1的尺寸相同。他们也有9cm²的面积

图3:
3厘米 + 3厘米 = 6厘米
6厘米 × 6厘米 = 3 厘米²

> 图3与图5和图6相同。由于图5和6的边长均为3 cm,因此图3的边长必须为6 cm。

图2:
6厘米 + 3厘米 = 9厘米
9厘米 × 9厘米 = 81厘米²

> 图2与图3和图5相同。由于图3和5的边长分别为6 cm和3 cm,因此图2的边长必须为9 cm。

第22课: 理解复杂的多步骤题并耐心解决。分享和评论同学的解决方案。

姓名 _____   日期 _____

使用任意方法解题。展示你所有的想法。

1. 研究显示全部正方形的这个图形。填写图表。

数字	平方英尺面积
1	1 ft²
2	
3	
4	9 ft²
5	
6	1 ft²
7	
8	
9	
10	
11	

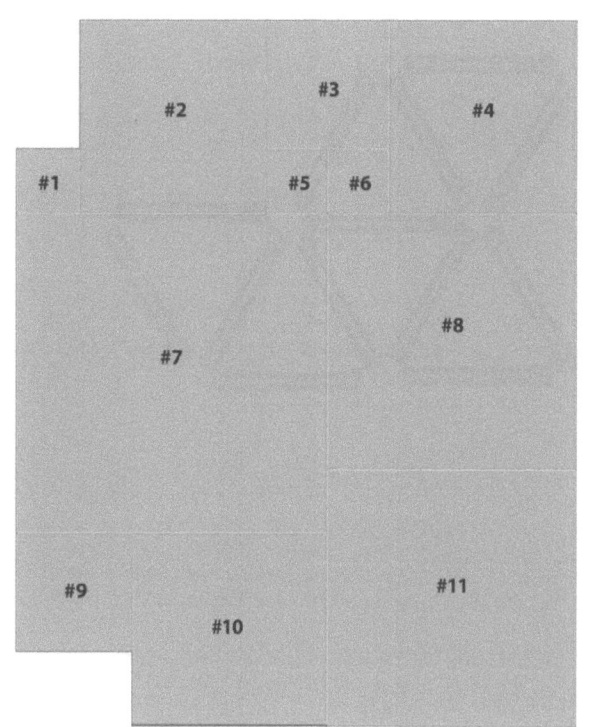

第22课： 理解复杂的多步骤题并耐心解决。分享和评论同学的解决方案。

单位的故事　　　　　　　　　　　　　　　　　　　　　　　　　第22课家庭作业　5•6

以下问题是一个有趣的谜题。它的目的是鼓励合作以及与家人一起解决问题。它不是这个家庭作业的必要部分。

2. 移除 3 根火柴并留下 3 个三角形。

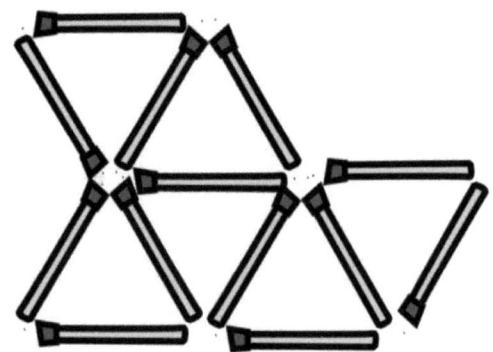

在图形中,图 B 的长度是图 A 的 $\frac{4}{7}$。图 A 的面积是 182 英寸²。求出整个图形的周长。

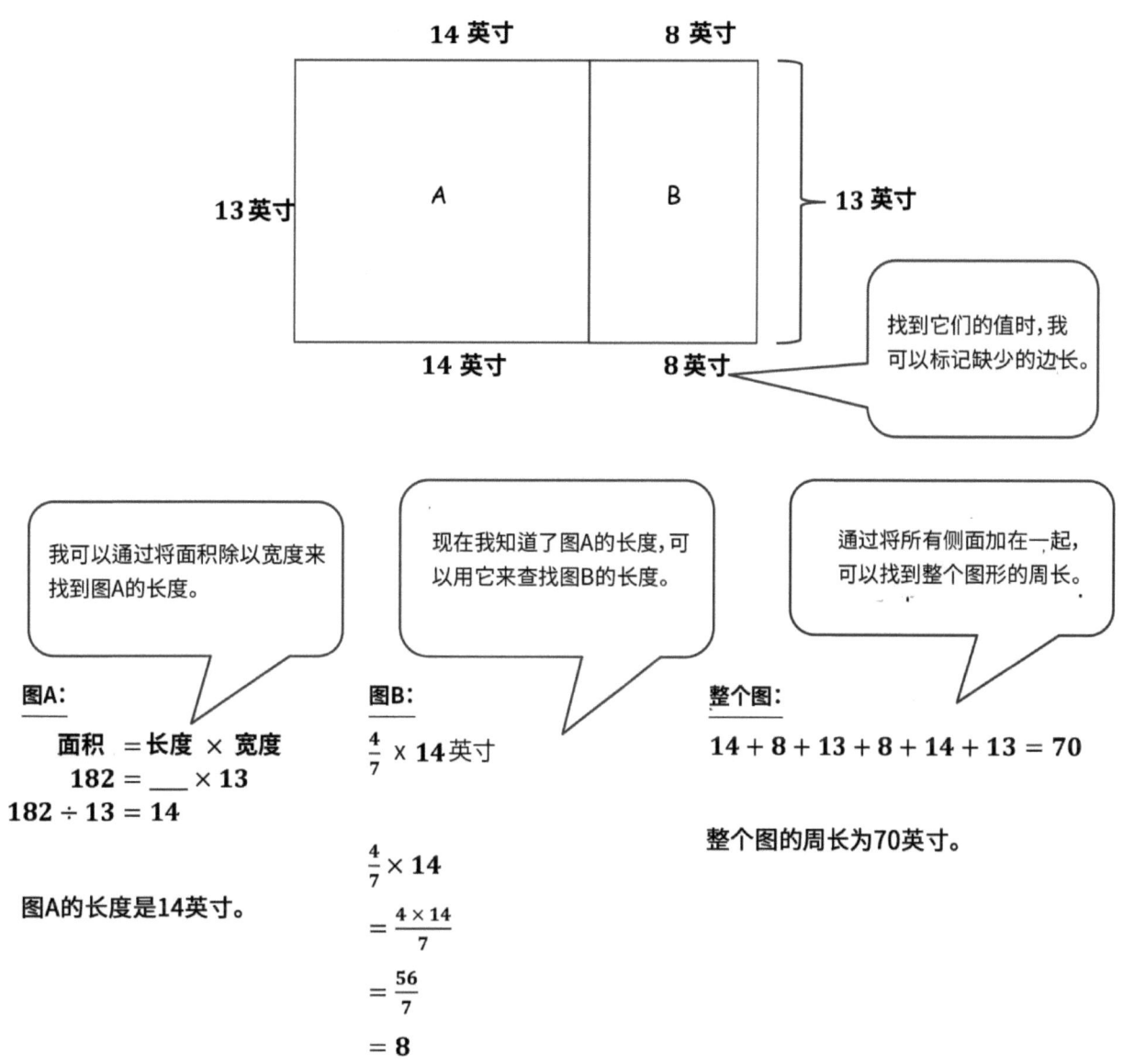

图A:

$$\text{面积} = \text{长度} \times \text{宽度}$$
$$182 = \underline{} \times 13$$
$$182 \div 13 = 14$$

图A的长度是14英寸。

图B:

$\frac{4}{7} \times 14$ 英寸

$\frac{4}{7} \times 14$

$= \frac{4 \times 14}{7}$

$= \frac{56}{7}$

$= 8$

图B的长度是8英寸。

整个图:

$14 + 8 + 13 + 8 + 14 + 13 = 70$

整个图的周长为70英寸。

姓名 _____ 日期 _____

1. 在图形中，图 S 的长度是图 T 的 $\frac{2}{3}$。S 的面积是 368 厘米²，求出图形的周长。

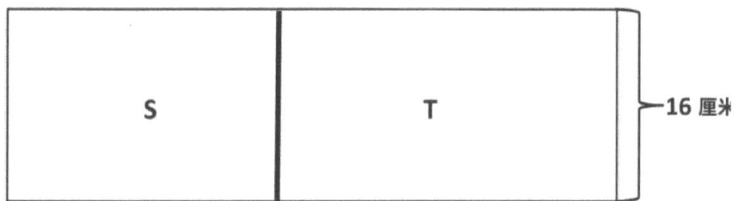

以下问题是一个有趣的谜题。它的目的是鼓励合作以及与家人一起解决问题,不是这个家庭作业的必要部分。

2. 用 12 根火柴排列成以下所示的网格,然后移除 2 根火柴以留下 2 个正方形。你应该怎样做?画出新的排列。

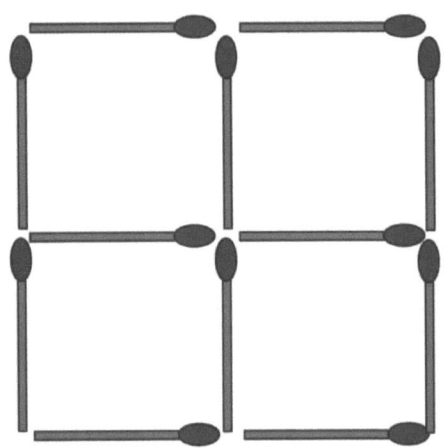

3. 仅移动 3 根火柴,让鱼掉头往相反方向游。你移动了哪些火柴?画出新的形状。

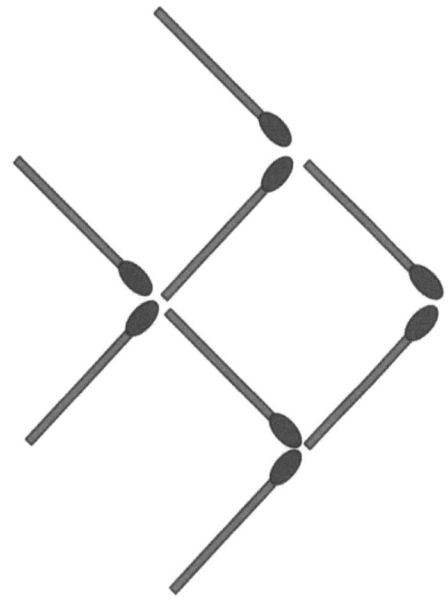

侯瓦德的棒球营在第一天欢迎了 96 位运动员。运动员的八分之五开始练习击球。击球教练吩咐击球手的 $\frac{2}{5}$ 练习安打。练习安打的球员有一半惯用左手击球。惯用左手的安打球员被分配成 2 人一组来一起练习。有多少个 2 人组在练习安打？

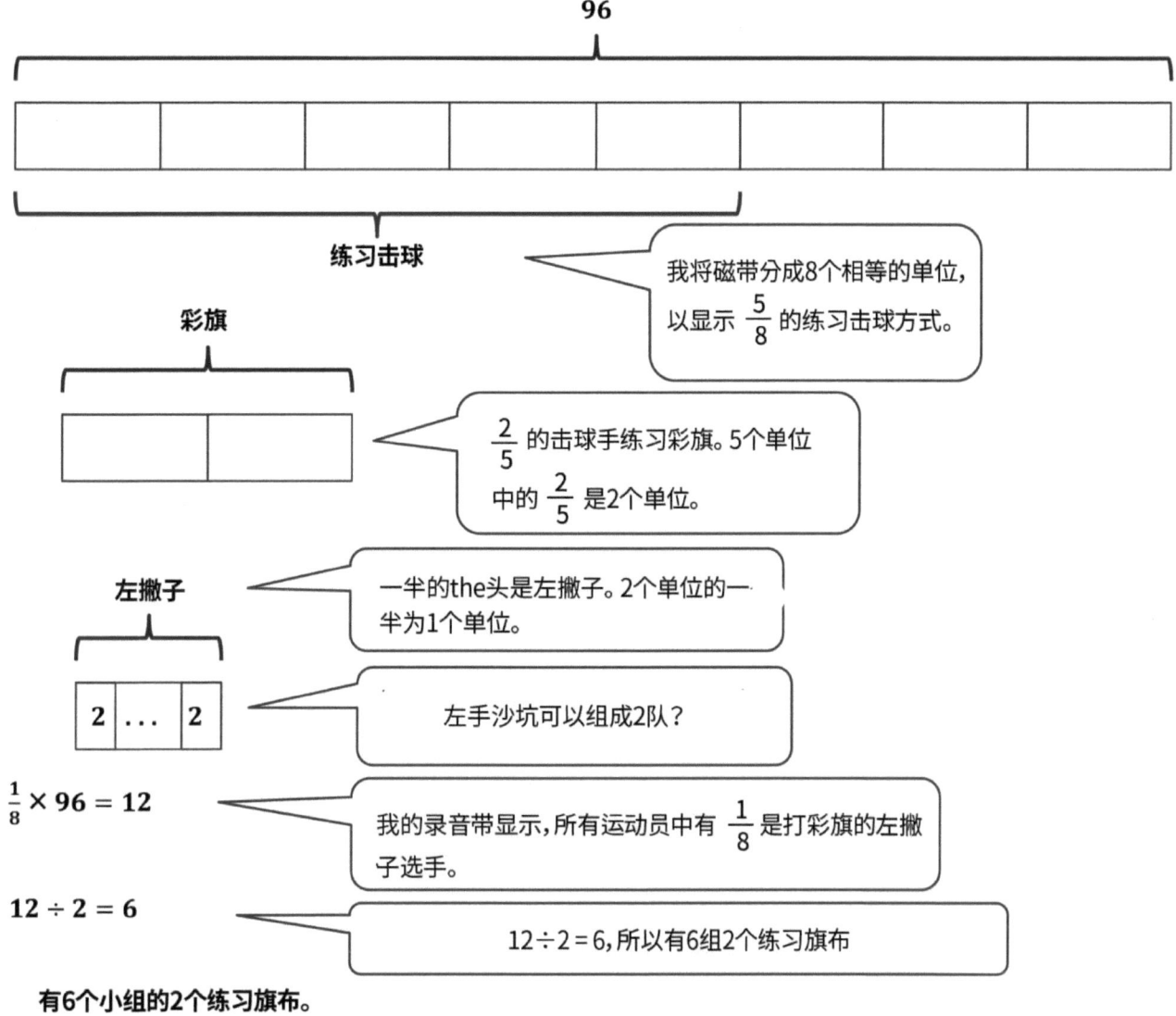

有6个小组的2个练习旗布。

姓名 _____ 日期 _____

1. 帕特土豆农场种植了 490 磅土豆。帕特把土豆的 $\frac{3}{7}$ 送到一个蔬菜店。蔬菜店店主把买回来的土豆的 $\frac{2}{3}$ 送到一个本地超级市场,超级市场就把收到的土豆的一半包装成 5 磅一袋。超级市场包装了多少袋 5 磅一袋的土豆?

以下问题是有趣的谜题。它们的目的是鼓励合作以及与家人一起解决问题。它们不是这个家庭作业的必要部分。

2. 六根火柴被排列成一个等边三角形。你可以怎样把它们排列成 4 个等边三角形，但不折断或重叠任何火柴？画出新的形状。

3. 肯尼的狗查理非常聪明！上星期，查理总共埋藏了 7 根骨头。他把它们埋藏在 5 条直线中，每条直线有 3 根骨头。这怎么可能？草绘查理怎样埋藏骨头。

单位的故事　　　　　　　　　　　　　　　　　　　　　　　　　　第25课家庭作业助手　5•6

杰森和瑟琳娜一开始总共有 $96。杰森花了他的钱的 $\frac{1}{5}$ 并且瑟琳娜借出了她的钱当中的 $15 后,他们剩下相同的金额。他们每个人一开始有多少钱?

> 这个很重要。后杰森(Jason)花钱,赛琳娜(Selena)借钱,然后他们剩下的钱也一样。我需要确保我的模型显示了这一点。

> 我将代表Jason钱的录像带分成5个相等的部分,以显示他所花费的 $\frac{1}{5}$。

杰森：[ ][ ][ ][ ][花费]

赛琳娜：[ ][ ][ ][ ][$15 / 借出]

总共 $96

> 我的模型向我显示9个单位,再加上Selena借出的15美元,等于96美元。

> 为了证明Selena和Jason的钱还剩,我用代表Jason的方式分割代表Selena钱的磁带。

9 单位 + $15 = $96

9 单位 = $81

1 单元 = $81 ÷ 9 = $9

杰森：
1 单元 = $9
5 单位 = 5 × $9 = $45

赛琳娜：
1 单元 = $9
4 单位 = 4 × $9 = $36
$36 + $15 = $51

> 现在,我知道1个单位的价值,我可以找出它们最初每个人有多少钱。

杰森一开始有 $45。

Selena刚开始时有 $51。

第25课：　　理解复杂的多步骤题并耐心解决。分享和评论同学的解决方案。

姓名 _____ 日期 _____

1. 弗列德和艾桃一开始总共有 132 朵花。弗列德卖了他的花的 $\frac{1}{4}$ 并且艾桃卖了她的花当中的 48 朵后，他们剩下了相同的花朵数量。他们每个人一开始有多少朵花？

以下问题是一个有趣的谜题。它们的目的是鼓励合作以及与家人一起解决问题。它们不是这个家庭作业的必要部分。

2. 在不移除任何火柴的情况下，移动 2 根火柴来制作 4 个相同的正方形。你移动了哪些火柴？画出新的形状。

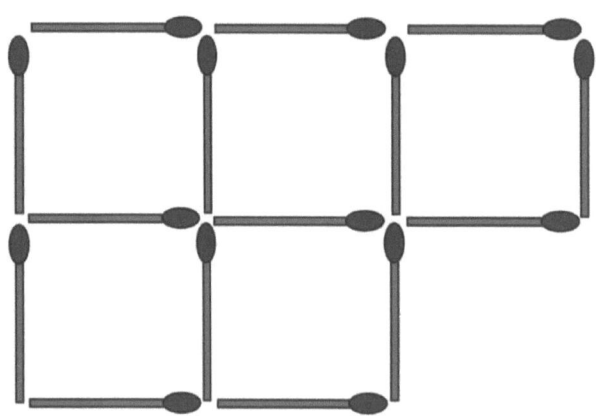

3. 移动 3 根火柴来组成（而且仅组成）3 个相同的正方形。你移动了哪些火柴？画出新的形状。

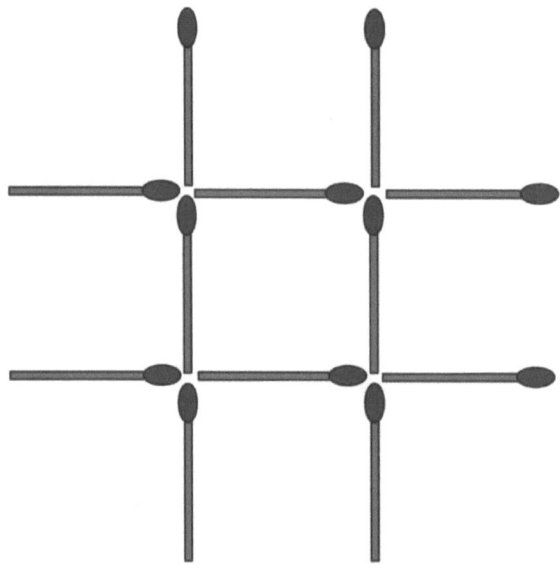

1. 就以下短句写一个数字表达式，然后评估你的表达式。

   从42中的六分之一减去三半。

   $\frac{1}{6} \times 42 - \frac{3}{2}$

   即使首先说"减"一词，我也需要减去一些东西。因此，在我找到"四十二分之一"的值之前，我不会减去。

   $= \frac{42}{6} - \frac{3}{2}$

   $= 7 - \frac{3}{2}$

   $= 7 - 1\frac{1}{2}$

   $= 5\frac{1}{2}$

2. 就以下短句写至少 2 个数字表达式。然后解题。

   九分之二

   $\frac{2}{5} \times 9$ $\left(\frac{1}{5} \times 9\right) \times 2$

   $\frac{2}{5} \times 9$

   这是"九分之五，加倍"，等于"九分之二"。

   $= \frac{2 \times 9}{5}$

   $= \frac{18}{5}$

   "九分之二"等于 $3\frac{3}{5}$.

   $= 3\frac{3}{5}$

第26课：　巩固编写和解释数字表达式。

3. 使用 < > 或 = 但不通过计算来制作正确的数字算式。解释你的想法。

a. $\left(481 \times \frac{9}{16}\right) \times \frac{2}{10}$ < $\left(481 \times \frac{9}{16}\right) \times \frac{7}{10}$

两个表达式的第一个因数，是相同的。 $\left(481 \times \frac{9}{16}\right)$

因为第二个因数，$\frac{7}{10}$，大于 $\frac{2}{10}$，右边的表达式比较大。

b. $\left(4 \times \frac{1}{10}\right) + \left(9 \times \frac{1}{100}\right)$ > 0.409

左边的表达式等于 0。49.

右边的表达式也有 0 个一和 4 个十分之一，但有 0 个百分之一在 0.409。

单位的故事   第26课家庭作业 5•6

姓名 _____   日期 _____

1. 就以下每个短句写一个数字表达式,然后评估你的表达式。

   a. 四十乘四十三和五十七的乘积

      数字表达式

      解决方案:

   b. 一千三百减九百五十除四。

      数字表达式

      解决方案:

   c. 七乘五和七的商数

      数字表达式

      解决方案:

   d. 四个六分之一减三个十二分之一的四分之一

      数字表达式

      解决方案:

第26课: 巩固编写和解释数字表达式。

2. 就以下每个短句写至少 2 个数字表达式。然后解题。

   a. 七的五分之三

   b. 四和八的乘积的六分之一

3. 使用<、>或=做出正确的数字句子，不必要计算。解释你的想法。

   a. 4 个十分之一 + 3 个十 + 1 个千分之一  30.41

   b. $\left(5 \times \frac{1}{10}\right) + \left(7 \times \frac{1}{1000}\right)$  0.507

   c. 8×7.20  $8 \times 4.36 + 8 \times 3.59$

1. 使用读-画-写流程求解以下文字题。

达权带了 32 个纸杯蛋糕到学校。在那些纸杯蛋糕中，$\frac{3}{4}$ 是巧克力蛋糕，其余是香草蛋糕。达权的同学吃了巧克力蛋糕的 $\frac{5}{8}$ 和香草蛋糕的 $\frac{3}{4}$。剩下了多少个纸杯蛋糕？

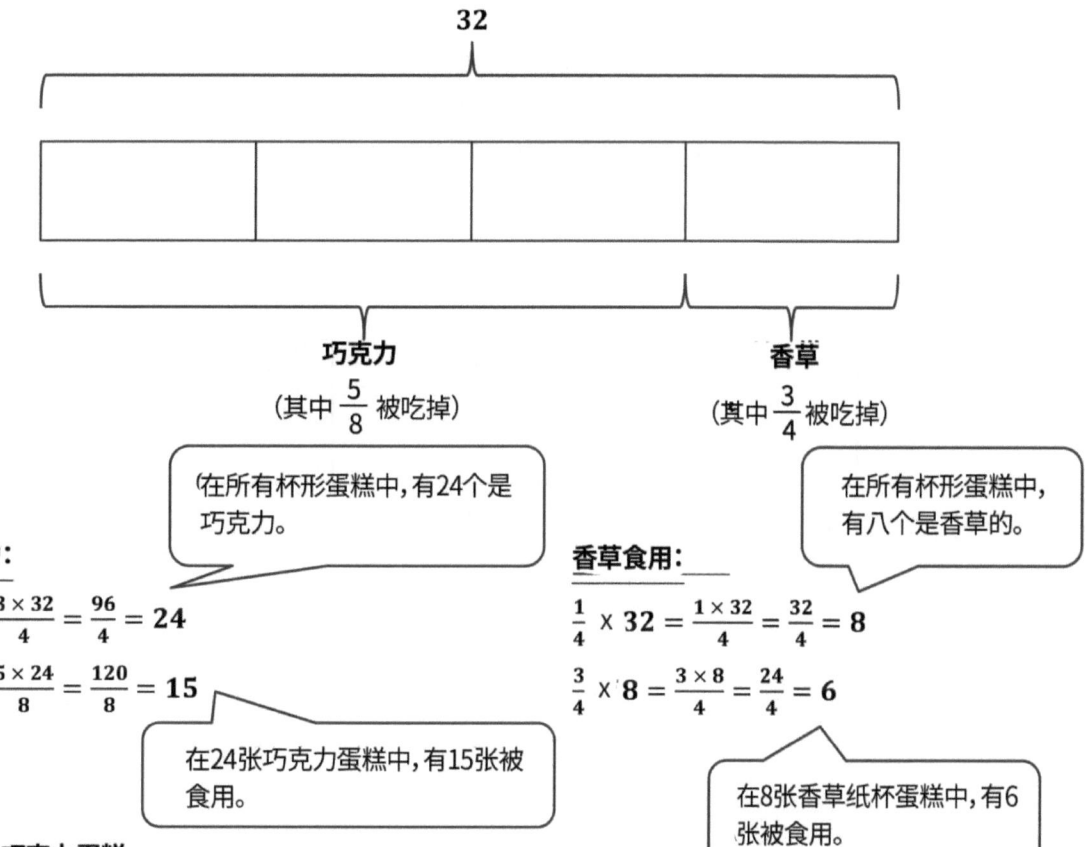

食用巧克力：

$\frac{3}{4} \times 32 = \frac{3 \times 32}{4} = \frac{96}{4} = 24$

$\frac{5}{8} \times 24 = \frac{5 \times 24}{8} = \frac{120}{8} = 15$

（在所有杯形蛋糕中，有24个是巧克力。）

（在24张巧克力蛋糕中，有15张被食用。）

吃了15块巧克力蛋糕。

香草食用：

$\frac{1}{4} \times 32 = \frac{1 \times 32}{4} = \frac{32}{4} = 8$

$\frac{3}{4} \times 8 = \frac{3 \times 8}{4} = \frac{24}{4} = 6$

（在所有杯形蛋糕中，有八个是香草的。）

（在8张香草纸杯蛋糕中，有6张被食用。）

吃了6杯香草蛋糕。

剩下的蛋糕：

$32 - (15 + 6) = 32 - 21 = 11$

剩下11个纸杯蛋糕。

（我通过从32个原始纸杯蛋糕中减去被吃掉的纸杯蛋糕来找到剩余纸杯蛋糕的数量。）

2. 就以下图表的表达式编写和解决一个文字题。

表达式	文字题	解决方案
$5 - \left(\dfrac{5}{12} + \dfrac{1}{3}\right)$	戈美兹太太在她 5 天的工作周期间花了一天的 $\dfrac{5}{12}$ 和另一天的 $\dfrac{1}{3}$ 来开会。她工作周的几分之几<u>不</u>花在开会上？	$5 - \left(\dfrac{5}{12} + \dfrac{1}{3}\right)$ $= 5 - \left(\dfrac{5}{12} + \dfrac{4}{12}\right)$ $= 5 - \dfrac{9}{12}$ $= 4\dfrac{3}{12}$ $= 4\dfrac{1}{4}$ 戈美兹太太工作周的 $4\dfrac{1}{4}$ 天不花在开会上。

第27课： 巩固编写和解释数字表达式。

姓名 _____ 日期 _____

1. 使用读-画-写流程求解以下文字题。

   a. 梅耶尔先生班里有 36 个学生。在那些学生当中，$\frac{5}{12}$ 个在休息时间玩抓人游戏，$\frac{1}{3}$ 个玩踢球，其余打篮球。梅耶尔先生的班里有多少个学生打篮球？

   b. 朱莉带了 24 个苹果到学校与同学们分享。在那些苹果当中，$\frac{2}{3}$ 个是红色的，其余是绿色的。朱莉的同学吃了红色苹果当中的 $\frac{3}{4}$ 和绿色苹果当中的 $\frac{1}{2}$。还剩下多少个苹果？

单位的故事　　　　　　　　　　　　　　　　　　　　第27课家庭作业　5•6

2. 就以下图表的每个表达式编写和解决一个文字题。

表达式	文字题	解决方案
$144 \times \dfrac{7}{12}$		
$9 - \left(\dfrac{4}{9} + \dfrac{1}{3}\right)$		
$\dfrac{3}{4} \times (36 + 12)$		

单位的故事

第28课家庭作业 5•6

姓名 _____ 日期 _____

1. 使用你今天学习到的掌握度技能来回答以下问题。

   a. 你在这个夏天应该练习哪些技能来维持和建立掌握度？为什么？

   b. 为你自己写一个目标，指出你在这个夏天希望练习的一项技能。

   c. 解释你可以进行什么步骤来达到目标。

   d. 达到这个目标将会怎样帮助你作为一位数学学生？

第28课： 巩固 5 年级技能的掌握度。

2. 在以下图表中，安排一项目你可以在家中进行的掌握度活动，以便帮助你建立或维持你在第 1(a) 题中列出的技能。安排活动时，应确保思考下列要素：

- 你将需要的材料。
- 谁可以跟你一起玩（如果需要多个 1 位玩家）。
- 该项活动对于建立你的技能有多有用。

技能：
活动名称：
需要材料：
描述：

使用尺子、量角器和三角尺来帮助你就以下每个图形给出尽可能多的名称。然后，解释你命名每个图形的理由。

图形	名称	名称的理由
a.	四边形 梯形	这个图形是一个<u>四边形</u>，因为它是一个封闭的图形并且有 4 条边。 它也是一个<u>梯形</u>，因为它至少有一对平行的边。上面和下面的边是平行的。
b. 我用量角器和直尺测量角度和边长。 此形状具有四个90°角和四个相等的边。这意味着它是一个正方形，但它也有其他名称。	四边形 梯形 平行四边形 矩形 菱形 筝形 正方形	这个图形是一个<u>四边形</u>，因为它是一个封闭的图形并且有4 条边。 它也是一个<u>梯形</u>，因为它至少有一对平行的边。这个形状有 2 对。 这个形状也是一个<u>平行四边形</u>，因为相反的边是平行和长度相等的。 它也是一个<u>矩形</u>，因为它有 4 个直角。 它是一个<u>菱形</u>，因为所有 4 条边的长度都相等。 它也是一个<u>筝形</u>，因为它有 2 对相连的边是长度相等的。 但更具体是，它是一个<u>正方形</u>，因为它有 4 个直角和 4 条长度相等的边。

第29课： 巩固几何学词汇。

单位的故事

第29课家庭作业 5•6

姓名 _____ 日期 _____

1. 使用尺子、量角器和三角尺来帮助你就以下每个图形给出尽可能多的名称。然后，解释你命名每个图形的理由。

图形	名称	名称的理由
a. 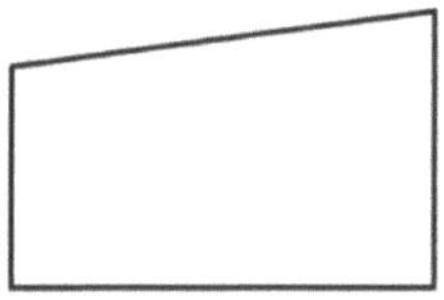		
b. 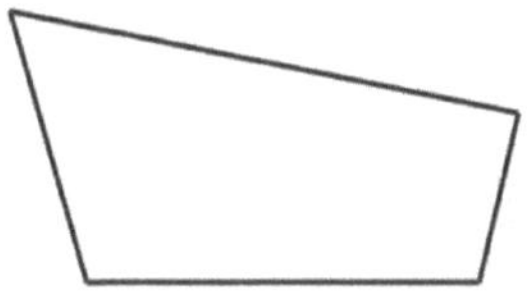		
c. 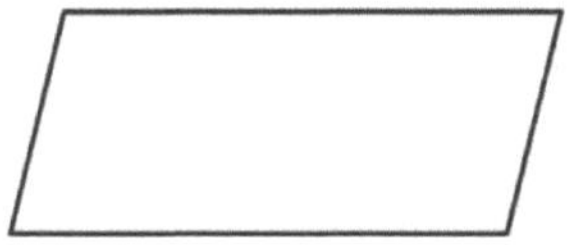		
d. 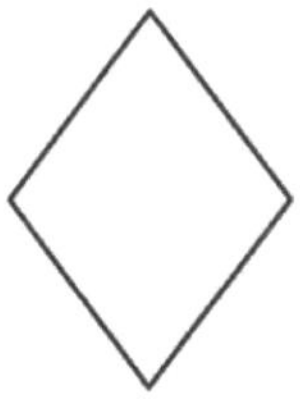		

第29课： 巩固几何学词汇。

2. 马克画了一个具备以下特征的图形：

   - 4 条边，每条边 7 厘米长。
   - 两组平行线。
   - 有 4 个角，角度分别是 35 度、145 度、35 度和 145 度。

   a. 在下方绘画和标签马克的图形。

   b. 就马克的图形给出尽可能多的四边形名称。解释你命名马克的图形的理由。

   c. 列出问题 2(b) 中马克的图形的名称，从最不具体到最具体。解释你的想法。

单位的故事

第30课家庭作业 5•6

姓名 _____ 日期 _____

教导某位家人玩今天你玩的其中一个图画词汇卡游戏。然后,回答以下问题。

1. 你玩了哪一个游戏?

2. 谁和你一起玩游戏?

3. 教导家人玩游戏让你有什么感受?

4. 你们在玩游戏之前,你是否需要教导对方任何数学概念?哪些数学概念?让你有什么感受?

5. 你下次在家里玩这些游戏时,你有作出什么改变?为什么?

第30课: 巩固几何学词汇。

课程笔记

为了更了解斐波那契数字，请观看短视频：《数学涂鸦：螺旋、斐波那契和植物》，由维哈特制作 (http://youtu.be/ahXIMUkSXXO)。

1. 用你自己的词语，描述你对于斐波那契数字有什么认识。

   斐波那契数字非常有趣。它们是一列数字。你总是可以通过把前面 2 个数字相加来得出下一个数字。

   例如，如果数列的一部分是 13 然后是 21，那么数列的下一个数字就是 34，因为 13 + 21 = 34。

   我可以记住头几个斐波那契数字：

   1, 1, 2, 3, 5, 8, 13, 21, 34.

2. 描述你今天在课堂上绘画的图画是什么样子的。

   我可以想象我们在课堂上画的东西。它看起来像这样：

   首先，图形看起来只像一堆正方形盒子，它们互相靠近，并且有一条共同的边。但我们在每一个正方形上画一条对角线。然后我们在每一个正方形上多画一条曲线，就能创造出一个很有趣的螺旋线条，有点像一个贝壳。

   画好后，我们写下每一个正方形的边长，并意识到它们是斐波那契数字。换句话说，我们画的头 2 个正方形的边长是 1，然后下一个正方形的边长是 2，然后是 3，然后是 5，以此类推。

姓名 _____ 日期 _____

1. 列出斐波那契数字至 21，然后在以下图表上创建一个正方形螺旋以对应你所写下的每一个数字。

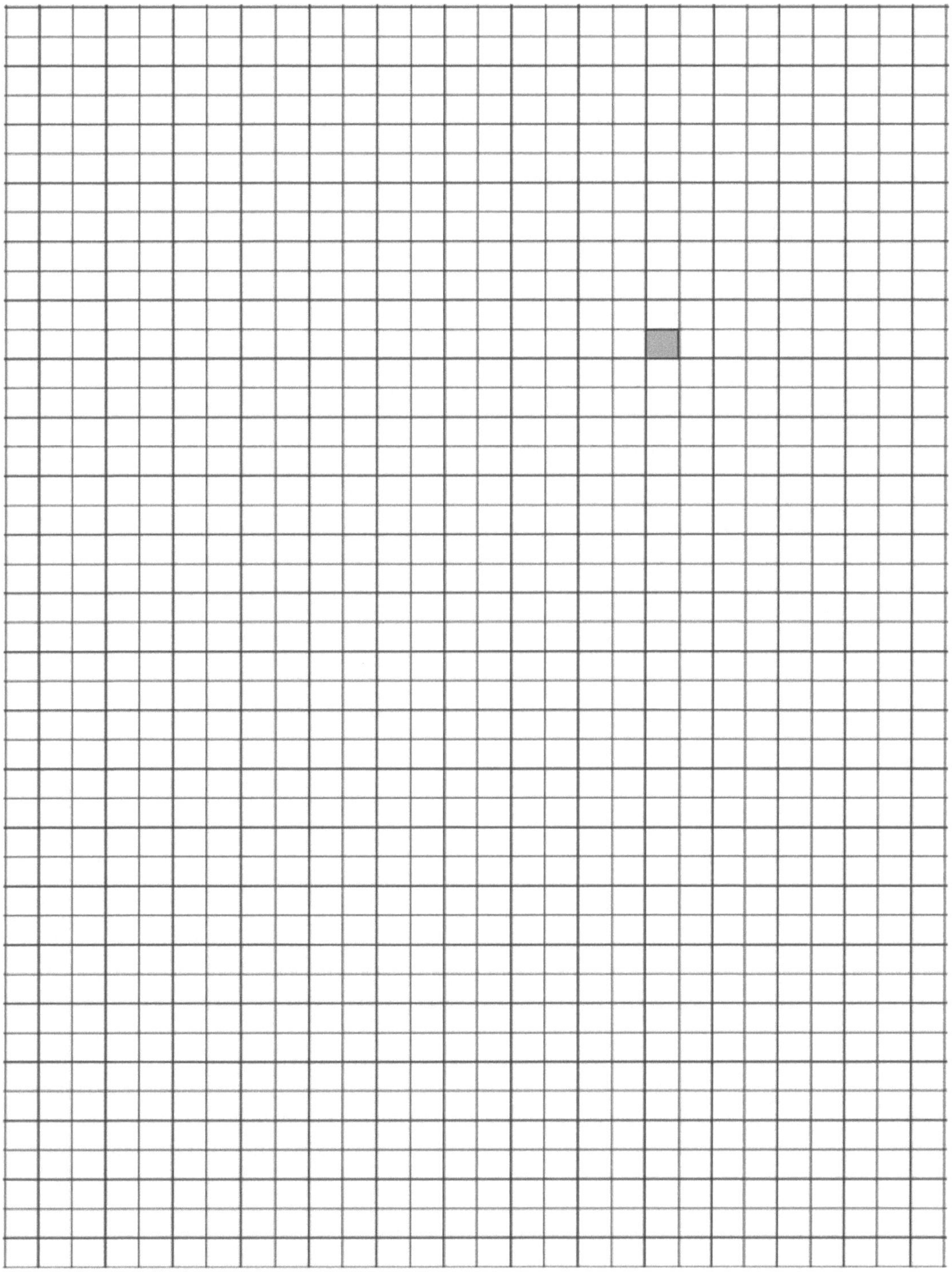

2. 在以下空间，写一个用来生成斐波那契数列的规则。

3. 写下斐波那契数列至少头 15 个数字。

单位的故事　　　　　　　　　　　　　　　　　　　　第32课家庭作业助手　5•6

课程笔记

为了更了解斐波那契数字,请观看短视频:《数学涂鸦:螺旋、斐波那契和植物》,由维哈特制作 (http://youtu.be/ahXIMUkSXXO)。

1. 在下表中完成斐波那契数列。

   第一行中的值指示序列中数字的顺序。例如,这是序列中的第6个数字。

1	2	3	4	5	6	7	8	9
1	1	2	3	5	8	13	21	34

   通过将前两个数字加在一起,可以找到序列中下一个数字的值。5 + 8 = 13;因此,序列中的第7个数字是13。

2. 如果数列的第 12 和第 13 个数字是 144 和 233,数列的第 11 个数字是什么?

   ___ + 144 = 233

   233 − 144 = 89   什么数字加144等于233?我可以用减法求解。

   数列的第 *11* 个数字是 *89*。

第32课:　　探索存钱的模式

单位的故事　　　　　　　　　　　　　　　　　　第32课家庭作业 5•6

姓名 _____　　　日期 _____

1. 乔纳斯练习他在课堂上学习过的斐波那契数列。完成他已经开始的图表。

1	2	3	4	5	6	7	8	9	10
1	1	2	3	5	8				

11	12	13	14	15	16	17	18	19	20

2. 当乔纳斯看到这些数字时，他意识到自己可以进一步计算。他拿了规律中两个连续数字，让它们自乘，然后相加起来。他发现这样会建立模式中的另一个数字。例如，$(3 \times 3) + (2 \times 2) = 13$，这是模式中另一个数字。乔纳斯说这对于任何两个连续的斐波那契数字都是正确的。乔纳斯正确吗？通过给出至少两个例子来说明你认为他正确或不正确的理由。

3. 斐波那契数字可见于大自然的很多地方，例如雏菊的花瓣数字，松果或菠萝的螺丝数字，甚至树枝在树木上生长的方法。找出一个斐波那契数字在自然界出现的例子，并在这里草绘出来。

第32课：　　探索存钱的模式

单位的故事 第33课家庭作业助手 5•6

在你的家里找一个矩形箱子。用一把尺子测量箱子的尺寸至最接近的厘米。然后，计算箱子的容量。

> 通过将3个维度相乘，可以得出矩形棱柱或盒子的体积。
> 卷 = 长度×宽度 × 高度

物品	长度	宽度	高度	卷
玩具鞋盒	8 厘米	3 厘米	6 厘米	144 厘米^3

> 鞋盒的长度正好是7.5厘米，但方向据说要精确到厘米。我将7.5舍入到8。

> $8 \times 3 \times 6 = 24 \times 6 = 144$
> 鞋盒的体积为144立方厘米。

第33课： 设计和建造一些箱子来存储夏天用的材料。

227

姓名 _____   日期 _____

1. 在你的家里找各种矩形箱子。用一把尺子测量每个箱子的尺寸至最接近的厘米。然后，计算每个箱子的容量。第一个已部分为您完成。

物品	长度	宽度	高度	容量
果汁盒子	11 cm	2 cm	5 cm	

2. 一个小果汁盒子的尺寸是 11 厘米乘 4 厘米乘 7 厘米。加大尺寸的果汁盒子高度同样是 11 厘米，但容量却是双倍。给出加大果汁盒子的两个可能的尺寸和以及其容量。

鸣谢

Great Minds®竭尽全力获得转载所有版权教材的许可。如对任何版权材料的拥有人未在此致谢,请联系 Great Minds,以在未来的版本以及本模块的转载中获得正确的致谢。

Printed by Libri Plureos GmbH in Hamburg, Germany